海（咸）水入侵胁迫下典型环境地质问题研究

——以莱州湾南岸为例

王集宁　蒙永辉　等　著

科学出版社

北京

内 容 简 介

莱州湾南岸是我国海（咸）水入侵的典型区域，自 20 世纪 70 年代以来海（咸）水入侵带来的环境地质问题广受关注。本书系统梳理了海（咸）水入侵胁迫下莱州湾南岸引发的典型环境地质问题，揭示了莱州湾南岸海（咸）水入侵的机理，并建立了海（咸）水入侵的数值模型，分析了莱州湾南岸的土壤盐渍化时空分布状况；同时应用遥感和 GIS 技术对莱州湾南岸的岸线变化和景观格局变化进行了研究，定量评价了研究区的生态脆弱性；最后构建指标体系对莱州湾南岸的地质环境质量进行了综合评价。

本书资料新颖、体系完整，具有较强的科学性、方法性和系统性，可供从事地理、地质、水文、环境的研究人员和学生阅读、参考使用。

图书在版编目（CIP）数据

海（咸）水入侵胁迫下典型环境地质问题研究：以莱州湾南岸为例 / 王集宁等著.—北京：科学出版社，2019.6

ISBN 978-7-03-061580-0

Ⅰ.①海… Ⅱ.①王… Ⅲ.①渤海－海蚀－地质环境－研究 Ⅳ.①P722.4

中国版本图书馆CIP数据核字（2019）第112711号

责任编辑：丁传标 / 责任校对：何艳萍
责任印制：吴兆东 / 封面设计：图阅社

科 学 出 版 社 出版
北京东黄城根北街 16 号
邮政编码：100717
http://www.sciencep.com

北京建宏印刷有限公司 印刷
科学出版社发行 各地新华书店经销

2019年6月第 一 版 开本：787×1096 1/16
2019年6月第一次印刷 印张：11 1/2
字数：270 000

定价：**129.00 元**
（如有印装质量问题，我社负责调换）

《海（咸）水入侵胁迫下典型环境地质问题研究
——以莱州湾南岸为例》

指导委员会

主　　任：回寒星

委　　员：褚福建　常允新　胡玉禄　姚春梅　王　林
　　　　　高赞东

科学指导：王　颖　吕建树

撰写人员名单

王集宁　蒙永辉　张丽霞　夏学生　刘洪亮　董玉龙

姚英强　秦　鹏　罗　梅　刘瑞峰　商婷婷　付　娟

冯在敏　吕宝平　于德杰　王兆林　邹连庆　颜　堂

朱　峰　周　勇　王亚梦　孙雪菲

序

　　海岸带是陆海交互作用的地带，存在十分复杂的反馈机制，中国海主体是欧亚大陆与太平洋交互作用过程所形成的边缘海。受地质构造格局、季风波浪、潮汐作用与大河输入作用影响，海陆交互作用与漫长历史过程中人类活动作用影响突出。河海交互作用堆积的平原海岸与基岩山地延伸至海域所形成的基岩港湾海岸为我国主要的两大类海岸。莱州湾海岸是我国典型的平原海岸，地势低平而淤泥质潮滩广阔，是典型的受黄河影响的海陆交互作用带，具有自海向陆生态系统短距离变化及未膠结成岩的沙泥层海底软弱性的特点。而莱州湾南岸迎向北与东北向开阔海域，受强风浪与风暴潮灾害影响严重。加之，人类开采淡水与油气能源活动，促进莱州湾南岸海（咸）水入侵——自 20 世纪 70 年代中期以来，莱州湾南部滨海平原地下水资源的无序超采，导致区域严重地咸水入侵与地下水侵染，使数千口机井报废，人民群众饮水困难，威胁区域的生态环境和社会经济的发展。因而，研究海（咸）水入侵的机理与带来的环境地质效应是区域亟待解决的重要科学问题。

　　《海（咸）水入侵胁迫下典型环境地质问题研究——以莱州湾南岸为例》一书系统总结了莱州湾南岸地下水赋存条件和水化学特征，分析了海（咸）水入侵的机理，构建了莱州湾南岸海（咸）水入侵数值预测模型；在此基础上，逐步延伸到海（咸）水入侵和人类活动共同引发的环境地质问题，分析了土壤盐渍化的时空分布规律及影响因素；基于遥感技术分析近 30 年来岸线变化特征及与海水入侵的耦合关系，总结莱州湾南岸 15 年来的景观格局变化特征，并应用 GIS 技术对莱州湾南岸的地质环境质量进行系统评价。

　　该书反映了莱州湾南岸海（咸）水入侵及环境效应研究的新成果，信息丰富、内容翔实，是有较强应用性的参考文献。

中国科学院院士

南京大学教授　　王颖

2019 年 6 月 10 日

前　　言

　　海（咸）水入侵是指受到自然或人为因素影响，沿海地区的地下含水层的水动力条件发生变化，破坏了淡水与海（咸）水之间的平衡状态，导致海水或高矿化度的咸水沿含水层向内陆方向侵入的过程与现象。在海岸地区，多重因素造成地质环境问题的产生，如不合理的人类活动所导致的地下水长期过量开采，以及长时间的气候干旱和海平面上升等自然因素所引起的海水入侵灾害。海岸带对人类来说是生活和生产活动的重要场所，是海洋开发的前沿地带，集中了全世界人类经济活动的很大部分。海岸带是海陆交汇地带，人类活动活跃，经济发达，对于人类社会和经济的发展至关重要，但海岸的自然环境十分复杂，生态平衡非常脆弱，地震、崩塌、滨岸侵蚀、港口淤积、地面沉降、风暴潮、人类工程等引发的海岸带地质环境问题日趋复杂、严重。如何充分考虑地质环境问题，又有效开发海岸带，以确保地质环境与经济建设的协调是急需解决的问题。

　　目前，海水入侵灾害已造成我国沿海大面积的地下淡水污染、生态环境恶化，工业生产因地下水变咸导致产品质量下降和生产设备腐蚀影响工业产品的经济效益，农业因地下水变咸导致土壤盐渍化而大量减产，人畜饮用劣质水而导致疾病增加。如今，海水入侵已成为我国海岸带地区面临的重大环境问题之一，严重阻碍了这些地区社会、经济的可持续发展。因此，加强对海水入侵区域环境地质问题的评价与研究，对了解海岸带地区地质环境质量与海水入侵的危害程度，进而对区域的规划建设及可持续发展具有重要意义。20 世纪 70 年代初以来，莱州湾南岸地区处于经济高速发展和人口压力剧增的时期，人类活动对环境的扰动显得尤为突出。莱州湾地区以其独特的地理位置、地质环境演化背景和对气候变化的敏感性，成为我国受人类活动和自然因素而引起的自然灾害最严重的地区之一，是我国乃至世界海（咸）水入侵的典型地区，而这些灾害构成了经济、社会和环境可持续发展的严重障碍。莱州湾在经济迅速发展的同时，地质环境也面临不同程度的破坏。目前研究区内各种地质灾害与环境地质问题日渐暴露，地质环境状况逐渐恶化，其中对莱州湾影响较大的环境地质问题有地下水侵染、土壤盐渍化、海岸侵蚀等。它们之间在成因及分布上既有区别又有联系，共同构成了莱州湾南岸既统一又相互联系的环境地质问题体系。因此，以莱州湾南岸的海（咸）水入侵为出发点，系统地梳理其带来的环境地质问题，对研究区的地质环境保护和区域可持续发展具有重要的理论和实践意义。

本书主要从地理学、水文地质的视角出发，系统总结了海（咸）水入侵影响下的莱州湾南岸的典型环境地质问题，主要分为九个部分：第一章，研究区概况；第二章，莱州湾南岸地下水赋存条件与水化学特征；第三章，莱州湾南岸水文地质条件及海（咸）水入侵机理分析；第四章，海（咸）水入侵数值模型；第五章，莱州湾南岸土壤盐渍化时空分布及影响因素；第六章，莱州湾南岸岸线时空变化特征；第七章，近15年来莱州湾南岸景观格局变化；第八章，基于高光谱遥感莱州湾南岸环境地质指标监测；第九章，基于GIS的莱州湾南岸地质环境质量综合评价。本书从莱州湾南岸海（咸）水入侵的机理和数值模型出发，逐步延伸到海（咸）水入侵引发的环境地质问题，如土壤盐渍化、重金属污染、景观格局变化，最后对莱州湾南岸的地质环境质量进行综合评价。

本书第一、三、六、七章由王集宁等撰写，蒙永辉等写作第二、五章，第四、九章由张丽霞等撰写，夏学生等写作第八章。本书出版得到山东省自然资源厅的大力支持；本书所涉科研成果是在山东省地质勘查项目"黄河三角洲高效生态经济区海（咸）水入侵调查与监控预警系统建设项目"（鲁勘字［2011］14号）、"山东省海岸带地质环境调查与综合研究"（鲁勘字［2018］14号）、山东半岛蓝色经济区1：10万区域水文地质工程地质环境地质综合调查（潍坊市、辛安庄幅）（鲁勘字［2010］72号）、山东半岛蓝色经济区1：10万区域水工环综合调查（寿光幅）（鲁勘字［2011］62号）、国家自然科学基金（41601549）和山东省自然科学基金（ZR2016DQ11）的资助下获得的，在此表示衷心的感谢。同时，在新的山东省地质勘查项目的支持下，对莱州湾南岸的研究还在继续深化。

限于个人认识水平有限，加之时间仓促，书中难免有所纰漏，恳请专家和读者予以批评指正。

作　者

2019 年 3 月于济南

目　　录

第一章　研究区概况

第一节　地　质　地　貌

本研究以山东半岛北部莱州湾南岸为例，莱州湾南岸位于莱州湾南侧的弥河下游与潍河下游之间的区域，研究区地理坐标为 119°00′00″E ～ 119°30′00″E，36°40′00″N ～ 37°20′00″N，属潍坊市管辖，包含寿光市、寒亭区和昌邑市（图1-1），总面积约4700km²。研究区地势平坦，大部分为滨海平原，是我国北方典型的粉砂－淤泥质海岸。本区位于华北平原东缘，郯庐断裂带纵贯其中，大地构造上属于胶莱地堑的北部区段。

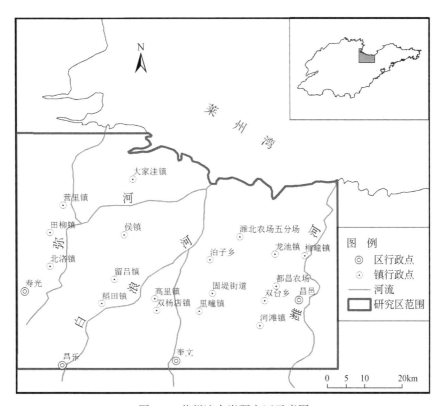

图 1-1　莱州湾南岸研究区示意图

研究区第四纪以来构造运动时有发生，使区域地貌产生了分异，第四系的发育受到较大影响，并且使得现代的自然地理面貌出现了不同程度的改观。第四纪时期莱州湾南岸的构造运动方向大致与第三纪时期的构造运动方向相同，呈现出间歇性持续坳陷沉降。早更新世和晚更新世沉降的速度相对较快，而中更新世则较为缓和。莱州湾南岸属渤海坳陷区，是由源自鲁中山地北麓的诸河流（如胶莱河、小清河、白浪河、弥河、潍河等）冲积而成的广阔平原，第四系厚度大而连续，属粉砂淤泥质海岸，在我国较为典型。第四纪以来大量松散沉积物的堆积以及区域构造活动使得莱州湾南岸地区地形较为平坦，在地势上呈现出南高北低的特点，从南部的丘陵区逐渐向北部的莱州湾倾斜，海拔由 300m 降至 2m。该区平原地区的地貌类型变化具有清楚的层次，南部为山前洪积－冲积平原，向北逐渐过渡到冲积平原，其地势较为平坦，向莱州湾缓缓倾斜，最终在莱州湾沿岸过渡为带状的冲积－海积平原和海积平原。滨海地区：本区南边以淡咸水线为界，北部与莱州湾相邻，河流冲积物和海相沉积物叠次覆盖形成了地势低平的低地区，海拔在 7m 以下。滨海平原河流形成的冲积－洪积平原、冲积－海积平原普遍拥有富含海水的砂层，这些砂层的透水性能非常好，其渗透系数一般在 35 ～ 150m/d。这种具有较强渗透能力的透水层为海水入侵创造了极其有利的自然条件。其次，莱州湾南岸的堆积平原地势低平，因此是风暴潮侵袭的主要区域（鲍广扩等，2014）。当风暴潮发生时，大量海水入侵滨海平原，风暴潮退去后，平原上的次级洼地仍然滞留着一部分海水，因此，风暴潮在一定程度上也为海水入侵提供了条件。

研究区海底地貌总体上处于沉陷状态，但是自黄河中上游裹挟而来的巨量泥沙堆积在河口地区，对沉陷的地貌起到了相应的补偿作用。同时在潮流、沿岸流、波浪挟沙落淤和河口动力作用下，研究区呈现出泥沙运移、扩散的地貌形态。黄河入海口附近为向东、向南延伸的三角洲前缘，坡度较大；海岸线附近为潮间浅滩，受到黄河泥沙和冲淤环境的影响，黄河口东部潮滩较为狭窄，但是黄河口南部潮滩宽达 6 ～ 7km；其余部分为浅海平原，海底起伏小、形态单一。海底冲刷槽主要出现在莱州湾西南部中小河流入海口处，而在黄河口附近冲刷槽反而不明显，这可能与河流输沙量多少与河口水动力作用强弱有重要关系。

研究区内断裂构造十分发育，主要断裂为沂沭断裂带（图 1-2），此断裂带由 4 条主要大断裂组成，自西向东依次为郯庐—葛沟断裂、沂水—汤头断裂、安丘—莒县断裂和昌邑—大店断裂，其中沂水—汤头断裂在区内未出现。沂沭断裂带规模较大，呈北东 10° ～ 25° 方向延伸，力学性质为左行扭动及左行压扭。

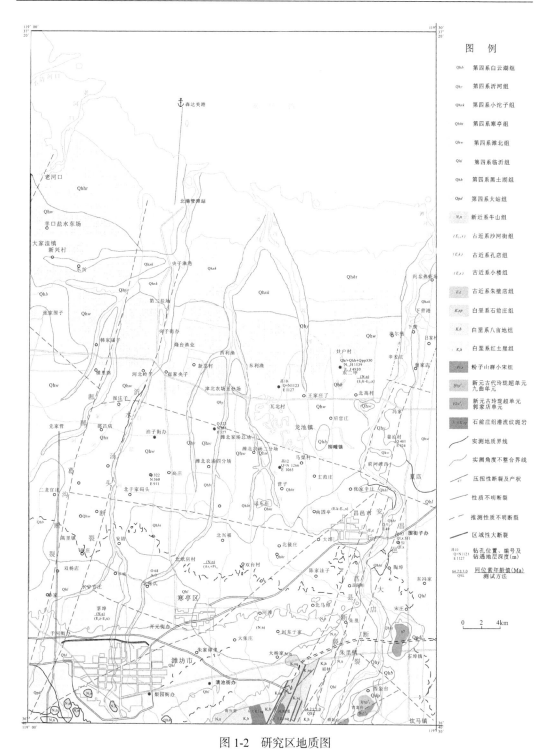

图 1-2　研究区地质图

资料来源：山东省地质环境监测总站，2013，黄河三角洲高效生态经济区（潍坊）海（咸）水入侵调查与监控预警系统建设报告

（1）郎部—葛沟断裂：隐伏断裂，位于工作区西部，自临朐幅东北进入幅内，双杨店—蔡家央子一带，向北于弥河入海口进入莱州湾。走向 N20°—25°E，是鲁西拱断束与沂沭深断裂带两个三级构造单元的分界线。

（2）沂水—汤头断裂：沂沭断裂带在南部有 4 条明显的断裂，但沂水—汤头断裂根据卫星照片在工作区内无反映。因此，在此不予叙述。

（3）安丘—莒县断裂：自南部进入工作区，经邓村—夏店一带向北入莱州湾，走向 N20°—30°E，倾向南东，倾角 50° ～ 90°，属正断层。断层西侧为白垩系和新近系砂岩、砾岩，东侧地表被第四系覆盖。

（4）昌邑—大店断裂：自南部进入工作区，经西金台—卜庄一带入莱州湾。走向 N20°—30°E，倾向北西，倾角 60° 以上，属正断层。断层东侧为胶东群变质岩及粉子山群大理岩和其他变质岩，工作区内涉及较少，西侧为白垩系。此断裂是鲁西中台隆与鲁东迭台隆的二级大地构造区划分界线。

研究区南部与泰沂山区相邻，东部与胶东丘陵接壤，西北临黄河现代三角洲平原，平原南北宽度达到 40km，南部高程达 20m，北部为高程不足 2m 的低洼地。该区在第四纪期间，下降缓慢，第四系风积物、冲积物、海积物、冲海积物、湖沼沉积物等堆积较厚，松散沉积物厚度变化范围从南部的 100m 至北部的 300 余米，区内具有复杂的沉积成因类型，古河道砂体众多，可以作为丰富的含水层和补给层，并且也是海水入侵的通道（曹建荣等，2002）。

研究区域属山东省鲁西北平原松散岩类水文地质区，下辖两个水文地质亚区：冲积洪积平原淡水水文地质亚区和海积冲洪、冲海积平原咸水水文地质亚区。在地质构造上莱州湾南岸位于新华夏系的第二沉降带（华北凹陷），是沂沭大断裂以西的莱州湾沿岸西部沉降区。受海洋和河流共同作用莱州湾南岸广泛发育了低平宽广的冲积平原、冲海积平原和海积平原。因此，本区的地貌以平原为主，南部有残丘零星分布，地势南高北低，并具有清晰的层次变化性，受到弥河、潍河及胶莱河等数百条发源于南部山丘的河流和溪流的冲积和洪积作用，莱州湾南部为山前洪积冲积平原，向北逐渐过渡到冲积平原，其地形较为平坦，向莱州湾缓缓倾斜，最终在莱州湾沿岸过渡为带状的冲积海积平原和海积平原（图 1-3）。

莱州湾南岸自晚更新世以来，经历多次海侵与海退事件，滨海河海积和海积平原区相应地沉积了海、陆相间的地层。大量沉积于含水层中的海水受多种成矿条件控制，形成多层地下卤水资源，以及矿化度不同的地下咸水，广泛分布于研究区内。莱州湾南岸的咸水入侵主要发生在地下埋深 50m 以上的含水层，相当于区域上层承压含水层与其上的潜水层。在自然条件发生变化（如气温的升高）或人类活动的干扰（如地下水开采）的作用下这些咸水层不断向陆地扩展，从而扩大咸水入侵的范围。

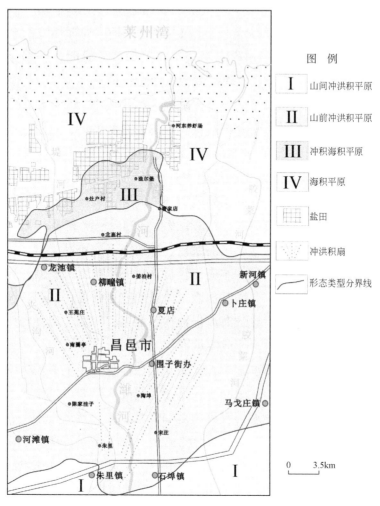

图 1-3　莱州湾地区地貌略图

资料来源：同图 1-2

第二节　气　　候

莱州湾南岸属于暖温带半湿润季风气候区，由于受到亚欧大陆以及太平洋影响，气候呈现出明显的大陆性特征。气候四季分明，春季风多且降水少，气温波动大；夏季气温高，降雨丰沛，并且多暴雨；秋季气温下降，降水减少，风力减小，秋高气爽；冬季寒潮频发，气温较低，天气寒冷，降水比较少。

海岸带是多个圈层相互作用最敏感也是最脆弱的地带，对全球变化的响应十分敏感。过去100年，全球气候呈现明显的变暖趋势，全球平均气温大约上升了0.3～0.6℃。在全球气候变化的大背景下，莱州湾南岸地区地理环境正逐渐发生变化。

受典型季风气候影响，莱州湾南岸全年气温季节分异明显，多年平均气温为12.3℃。全年最冷月为1月份，平均气温为-3.3℃；最热月为7月份，平均温度为26℃，气温年较差为29.2℃，与同纬度内陆地区相比偏小。全年最高气温通常出现在6月份，为41.7℃，是山东沿海极端最高气温较高的海湾；最低温度出现在1月份，为-24.5℃，也是山东沿海极端最低气温较低的海湾之一。

自1970年至今，莱州湾南岸的气温表现出波动上升趋势。气候变暖对莱州湾的环境影响较大，并有可能引发一系列地质环境问题。气候变暖可能导致西北太平洋及登陆我国的热带气旋频数增加，由此引发更多的风暴潮灾害；从全球尺度来看，全球变暖将引起极地冰川和陆地冰川的融化，导致海平面不断上升。莱州湾南岸地势低平，坡度小，对海平面上升的响应比较显著。海平面上升将直接导致风暴潮增水的初始海面与高潮位的提高，因此加剧了风暴潮灾害强度；同时，海平面上升使得水深加大，海浪波能增大，导致海岸侵蚀程度加大；海面上升使海岸线向陆地方向迁移，部分滨海湿地被淹没，造成湿地面积大幅度减少。

莱州湾南岸地区年平均降水量为655.8mm，在地理分布上表现为南多北少，东多西少，由南向北、由东向西逐渐减少，整体上属降水量较少的地区。受季风气候影响，降水的季节分配差异显著，表现为夏季降水丰沛，且多暴雨，春秋两季为过渡期，冬季降水最少。多年最少降水量为313.8～397.4mm，在整个莱州湾南岸相差较小。20世纪80年代，莱州湾地区进入了经济粗放型持续高速发展阶段，但降水量明显减少，整个莱州湾进入了近40年最干旱的时期，整个莱州湾地区降水量较多年平均减少了18%，相应的全区地表水资源较多年平均减少43%，全区地下水资源较多年平均减少25%。降水量持续减少、地下水得不到有效补给，加之人类活动的需水量不断增长，地下水超量开采现象严重，大面积地下水位出现负值，从而引起海水入侵灾害，滨海海水入侵地区生态环境遭到破坏，滨海湿地退化。另外，降水量的减少使潮上带的淡水沼泽湿地地下水位下降，地表持续干旱，导致湿地面积减少、区内植被发生严重退化现象。

莱州湾南岸地区在纬度位置分界上位于中纬度地区，区域内年平均日照时长数为2595.6小时，达到中纬度地区平均日照率的60%。年平均蒸发量为1942.3mm，蒸降比总体上大于3∶1，在时间和空间尺度上分别呈现出北部大、南部小，春季大、冬季小的特点。月平均蒸发量最大值出现在5月份，平均为292.1mm；最小值出现在 1 月份，平均为 55.0mm。因此，春季是北部沿海地区盐业生产的旺季。

莱州湾南岸受风暴潮影响十分显著。风暴潮是在强烈大气扰动下形成的海面异常变化，主要表现为海岸附近一定范围内的海水增加或减少，是一种破坏性较强的海洋灾害。风暴潮形成需要具备三个条件：强烈持久的向岸大风、喇叭状港湾以及浅海平缓海滩、潮水潮位高。莱州湾呈月牙型，地势平坦，属于半封闭型浅滩海湾，有利于潮波能量辐合。除此之外，莱州湾的湾口东北部对冬季或春、秋季的偏北风的风区最长，这些条件都有利于莱州湾海湾形成风暴潮灾害。在特定的天气条件下，偏北大风与大海潮相配合，海水顺着平坦的海岸向内陆侵袭，发生海水倒灌。海水倒灌多发生在 3～4 月和秋季，海水倒灌的潮地下水埋深多在 4～5m。风暴潮灾害影响巨大，其对海岸侵蚀速率以及岸滩变形也有一定的影响。莱州湾沿海是山东省乃至我国北方沿海地区风暴潮灾害最严重最频繁的地区之一，1949 年至今已经发生过十几次比较严重的风暴潮灾害，海水侵溢陆地，淹没码头、村镇和良田，给沿海居民的生命财产安全造成了巨大的损害。

第三节　河流水文

研究区内河流、渠道广泛分布，潍河是区内的大型河流（图 1-4），源于沂山北麓官庄乡箕山之泉沟，从昌邑下营镇入渤海莱州湾。干线全长 246km，流域面积达 6367km^2。该河自峡山水库溢洪道以北至入海口段，全长 78km，流经安丘、昌邑、坊子、寒亭四市区，属间歇雨源型河流，多年平均径流量为 $1.45\times10^8m^3/a$，自 20 世纪 80 年代以来，各地在中上游拦水截流，兴修水利工程，使其失去了原貌，河中水量严格受水库拦截控制。由于上游蓄水，加之多年持续干旱，近十余年来基本处于断流状态。潍河的支流较多，主要支流为汶河和渠河。

研究区东部边界为胶莱河，位于平度市与高密、昌邑县的边界上，源起平度市万家镇姚家村东南，流经高密，昌邑进入渤海，全长 100km，总流域面积 3900km^2。20 世纪 80 年代以前，多年平均径流量为 $3.45\times10^8m^3/a$。受上游水利工程的影响，河流径流量减少，1980～2013 年年平均径流量仅为 $0.138\times10^8m^3/a$。

昌邑市县城北青乡以南的堤河、四干渠等小型河流现已干涸，部分河流由于工业废水及生活污水的排入，成了污水河，造成周围不同程度的地表水、地下水污染。

研究区北部边界为渤海莱州湾，海岸线长约 21km，海岸均为泥砂质海岸。潮间带较为宽阔，一般为 2km 左右。该区潮汐为正规半日潮和不规则半日潮，潮差一般为 2m。莱州湾海域是一个风暴潮多发区域，受控于渤海海流和季风作用，尤其在秋季，当连续多日的偏南风突然转变为偏北风时，海水位将大幅升高，极易形成风暴潮灾害，影响范围可向南岸陆地延伸达十余千米。该区历史上，风暴潮曾多次波及地面高 7m 以内地区，造成严重的潮灾。海潮的侵袭及沿河道上溯，是莱州湾南岸地区地下咸卤水的重要补给来源。自 20 世纪 90 年代，当地政府为开发滩涂，沿海修建了防潮堤，小规模风暴潮灾害的出现次数大为减少。除海洋外，自 20 世纪 80 年代后期以来，莱州湾南岸在广阔平坦的滩涂上建起了大片的盐田和养虾池，加快了卤水开发和海水养殖的步伐。新建盐田较原有盐田向南推进 3 ～ 5km，每年的 4 ～ 10 月生产季节，盐田和虾池蓄满卤水和海水，面积可达约 300km²，对地下水产生补给和盐化是无疑的。

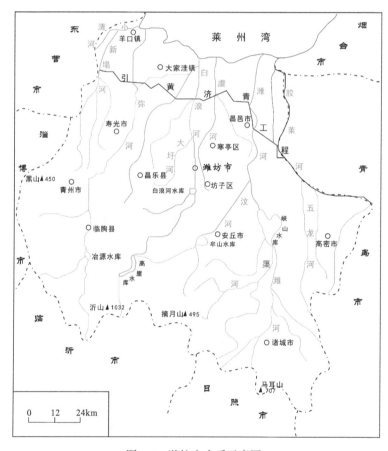

图 1-4　潍坊市水系示意图

第四节 水文地质特征

地下水的赋存条件及分布规律受地层、地貌、构造及水文气象等自然条件所控制。工作区位于沿海地带，地形以平原为主，第四系覆盖全区，地下水类型为浅层松散岩类孔隙水。主要赋存于第四系砂砾石层等含水介质中，黏性土作为相对隔水层，形成松散岩类孔隙水的多层含水结构，层间承压水发育，多以承压水类型存在，从水质上其分布规律如下：淡水主要分布于南部工作区以南，寿光市、昌邑市的城区附近，向北至滨海平原下部有咸水体楔入淡水体，往北至海边为大面积的咸卤水区，水质过渡为微咸水、咸水、卤水（图 1-5）[①]。区域北部受多次海侵影响，海相地层发育，第四系以来的地层及其间的各含水层主要为水平层状，浅部含水层厚度较薄，相变剧烈，颗粒很细，大部分为粉砂。

一、地下水含水岩组水文地质特征

冲洪积地层是该地区地下淡水的主要赋存体，随着冲洪积地层由南往北减少，表现为地下淡水减少，咸水体增加。由全淡水区过渡到上咸下淡二层结构、局部咸淡咸的三层结构及全咸水区。其间并无固定的水文地质界线，往往同一含水层中卤水和咸水并存，咸—卤水界面会随着界面两侧水力压差的改变而移动。淡水含水层水力性质也由潜水、微承压水，渐变为承压水，淡咸水界面由南往北渐深。在多方面条件控制与影响下形成的地下水化学水平分带、垂直分带及巨大的咸水体，构成了工作区地下水的基本特征。

1. 淡水区

分布于南部工作区侯镇、南村、固堤、新河一线以南，自浅层至深层均为淡水含水层。习惯上自上而下划分为浅层潜水—微承压水含水层、中深层承压含水层、深层承压含水层。浅层潜水—微承压水含水层：埋深 0～60m，岩性以粉砂为主，地下水位埋深一般小于 2m。浅层淡水埋藏浅、易污染、规模小、稳定性差。中深层承压含水层：顶板埋深约 60m，含水层岩性以中粗砂为主，由南向北富水性逐渐减弱。深层承压含水层：顶板埋深约 200m，含水层累计厚度 20～50m，单层厚度

---

① 山东省地质环境监测总站，2012，山东半岛蓝色经济区 1：10 万区域水文地质工程环境地质综合调查报告。

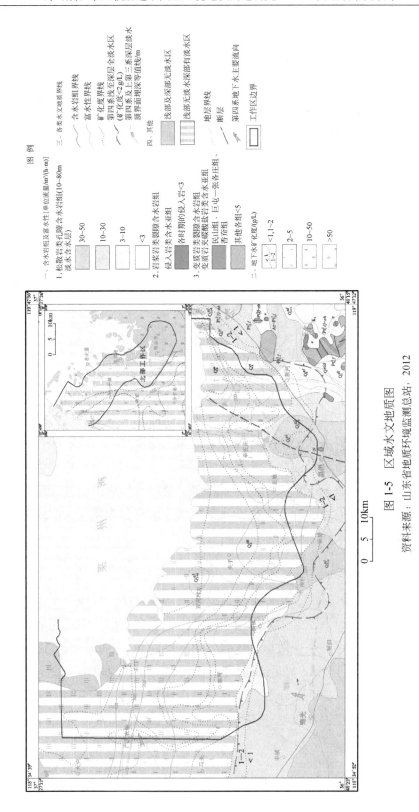

图 1-5　区域水文地质图

资料来源：山东省地质环境监测总站，2012

2～5m，矿化度一般小于1g/L。另在各条河流的周围分布有少量的淡水区，含水层岩性为中粗砂及卵砾石，埋藏于粉土或粉质黏土之下，或于河床漫滩处出露。

2. 咸水—淡水多层结构区

广泛分布于南部工作区及北部工作区的西部，该地区随着咸水入侵的发展，浅层淡水逐渐尖灭，矿化度由2g/L逐渐上升至大于50g/L，为浅层卤水的主要赋存区。深层淡水则以承压水的形式赋存。含水层为粉砂、中粗砂夹砾石，自冲积扇轴部向两侧砂层逐渐变薄，颗粒逐渐变细。

3. 全咸水区

主要分布于北部工作区的东部，矿化度大于10～50g/L，赋存于冲积相、滨海相沉积地层的粉砂、中细砂中，浅部、深部均无淡水分布（苏乔等，2011）。

二、区域地下水补径排条件

区域地下水补给方式既有垂直补给，又有水平补给。其主要补给来源为大气降水，因区内地形相对较平坦，坡降较小，包气带岩性主要以粉土、砂土为主，结构松散，渗透性强，为大气降水就地入渗补给提供了有利条件。其次为河流侧渗、南部地下水的径流补给及潮汐海水补给，地下水补给充沛，赋存丰富。

区域地下水水力坡度由大到小，地下水流速由快到慢，除在降落漏斗区由漏斗边缘向漏斗中心径流外，其径流总体受地形控制，沿地形坡面自南向北径流，最终排入莱州湾。具体来说径流主要受区内地形地貌、含水层岩性、水力坡度和水文气象等因素控制。以降水补给的，就地径流，即补给区与径流区基本一致，而以河水侧向渗流补给的，基本先在河道附近向两侧径流，然后沿地形坡降径流。

区域地下水天然状态下的排泄主要是垂直蒸发排泄，其次是水平径流排泄。工作区内尤其是中北部卤水矿山众多，浅层松散岩类孔隙水开采能力强，所以人工开采是地下水重要的排泄方式。

第五节　土壤与植被

莱州湾南岸区域内的土壤除水域、村庄、工矿、交通等占地类型之外，其余大多为可利用的土壤。主要分为五大土类（图1-6）：棕壤、褐土、潮土、砂姜黑土和盐土，自南向北分布，其下又分为15个亚类、34个土属、110个土种。其中，

盐土类面积约为 $149×10^4$ 亩①，大约占可利用土壤面积的 7.43%，在各类土壤中面积最小，主要分布在市域北部的滨海地带，这类土壤通常发育于海相沉积物上。盐土的主要特性有以下几个方面：一是氯化物是土壤和潜水中主要的可溶性盐类；二是一般含盐趋势为距离海越远，海退发生的越早，土壤和地下水中的含盐量就越轻，相反，则含盐量就越重；三是盐分含量在土体中上下比较均匀。盐土土类下又可分为滨海潮盐土亚类及 2 个土属、8 个土种（李晓燕等，2004；山东省土壤肥料工作站，1994）。

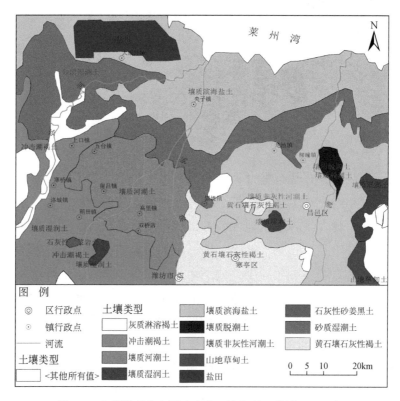

图 1-6　土壤类型分布图（山东土壤肥料工作站，1994）

海水入侵影响湿地生态系统，从而导致土壤次生盐渍化（丁玲等，2004；孙广友，2000）。海水入侵使大面积肥沃优质农田发生退化，土壤含盐量成倍增加，盐渍地面积不断扩大。据初步统计，整个莱州湾由海（咸）水入侵造成的次生盐渍化土地面积为 $234×10^3km^2$。盐渍化的土壤使农田土壤肥力下降，粮食产量减产超过 20%，干旱年份造成粮食减产 40%，每年减少收获的粮食更是多达 $15×10^8kg$。

---

① 1 亩≈666.7m^2。

　　莱州湾南岸湿地维管束植物共 55 科 160 属 230 种，其中蕨类植物 4 种，裸子植物 4 种，被子植物 222 种。莱州湾南岸滩涂湿地全部为光滩。自然湿地植被分布在潮上带，以盐地碱蓬、碱蓬、柽柳等盐生植物为建群种的潮上带盐地碱蓬湿地、潮上带盐地碱蓬—柽柳湿地、潮上带碱蓬湿地植被占莱州湾南岸自然湿地面积的 18.6%，湿地总面积的 13%。根据对地表水分状况和土壤水分、含盐量的生态适应情况，将组成莱州湾南岸滨海湿地植物区系的维管束植物分为盐生植物、水生植物、湿生植物、中生和旱生植物 4 大生态类群。20 世纪 70 年代以来，随着人类活动导致的地下咸－卤水入侵加剧，莱州湾南岸滨海湿地浅层地下水和土壤含盐量很高，因此，大面积潮上带自然湿地植被的建群种和优势种为适应高盐生态环境的盐生植物。如盐地碱蓬、碱蓬、中亚滨藜、扁杆草、獐毛、中华补血草、柽柳等。莱州湾南岸滨海湿地的水生植物主要分布在河流及河口湿地的水中、潮上带自然湿地中的小淡水湖中，植被类型主要有芦苇、东方香蒲、菖蒲、狐尾藻、金鱼藻、睡莲、芡实、凤眼莲、浮萍、满江红、莲、慈菇等，群落中占据建群种或优势种地位的植被种类较多。莱州湾南岸滨海湿地的湿生植物主要生长在距高潮线较远的潮上带自然湿地较高处、河流及河口湿地的河岸上。主要包括蓼属植物（*Polygonum spp.*）、荻（*Miscanthus sinensis*）、扁蓄（*Polygonumaviculare*）、两栖蓼（*P.amphibium*）、车前（*Plantago asiatica*）、灯心草（*Juncus effusus*）等，其中禾本科、蓼科种类最多。自 1977 年以来莱州湾南岸滨海湿地干旱持续近 30 年，地势较高处土壤不能经常被海水浸润，盐分在土壤表层积累引起生理性干旱（刘文全等，2014），因此中生、旱生植物种类较多，分布也较广泛。例如，杨柳科（*Salicaceae*）、豆科（*Leguminosae*）、菊科等科的多种植物都是在莱州湾南岸滨海湿地中常见的中生植物，典型的旱生植物有短叶决明（*Cercis leschenaultiana*）、蒺藜（*Tribulus terrestris*）、酸枣（*Ziziphus jujuba*）、鬼针草属（*Bidens spp.*）、黄花蒿（*Artemisia annua*）、苍耳（*Xauthium sibiricum*）等。

　　海水入侵对滨海平原地区的生态环境造成严重破坏。由于研究区滨海土壤盐分含量比普通土壤高很多（白由路等，1999），这使得滨海土壤中的植物正常生长发育受到抑制，严重时可造成植物大面积死亡（宋新山，2001）。例如，莱州湾南岸的寒亭区北部在海（咸）水入侵的长期侵害之下 6000hm² 的草场发生严重退化，最终变成了寸草不生的不毛之地（刘贤赵，2006）。在海（咸）水入侵的作用下，研究区植物群落也发生着相应的演替。一些适盐、耐盐和抗盐性的多年生盐生植物群落将演替为优势群落。例如，在一些大型河流河口地区，河岸线向海延伸淤长，相应的植物群落演替由盐化积水的潮间光滩地逐渐向脱盐化方向演替。随着盐地碱蓬的定居，土壤进一步淤积脱盐，对盐分要求不是很高的芦苇植物便开始生长，伴随着地势的淤积抬高，逐渐形成了以芦苇为优势种的芦苇群落。

第六节 经济社会概况

莱州湾南岸包括潍坊昌邑、寒亭和寿光的北部，滨海地区蕴藏有丰富的地下卤水资源，莱州湾南岸资源丰富、人口密集、海洋经济发达，人类活动对海岸环境影响显著。随着黄河三角洲高效经济区上升为国家战略，研究区显示出了巨大的经济发展潜力，但同时也造成了一定的环境压力。研究区周边沿海地区经济比较发达，主要包括石油、盐化、电子、机械等产业，以及农业和水产业，其中潍坊市的昌邑市和寒亭区是我国重要的海盐产区、溴原材料基地和重要的盐化工基地，寿光市是我国重要的蔬菜种植业产区。

地下卤水作为一种特殊类型的地下水，主要分布于地表以下岩石或沉积物中，其形成时间短、含盐度高、与海水关系最密切，是一种高总溶解性固体和富含微量组分的液体。事实上，地下卤水生成依靠特殊的气象水文、古地理环境、地形地貌及水文地质条件，莱州湾南岸的多源河流三角洲沉积演化模式为地下卤水资源的生成创造了良好的补给、运移、过滤、储存、封盖条件。通过回流渗滤作用，在潟湖—沙坝中进行反应，被溶解的组分受蒸发泵作用，在潮坪和三角洲前缘生成地下卤水。

莱州湾南岸滨海平原地下蕴藏着丰富的卤水资源，为发展盐业和盐化工业提供了得天独厚的条件。在垦利、广饶、寿光、寒亭、昌邑和莱州等 7 个县、市、区分布着丰富的地下卤水资源。东西长约 120km，宽 10 ～ 20km，呈带状沿海分布，面积大约 1224.7km^2。莱州湾南岸卤水埋藏在 80m 以下的质地松散的沉积层之中，一般赋存在 3 ～ 4 个矿层中，其储存量约为 63.88×10^{8}m^3。地下卤水的浓度较一般海水高 3 ～ 6 倍，一般在 10 ～ 15°Be′，最高时可达 19°Be′，最低也在 8°Be′ 左右。研究区的地下卤水中还含有溴、碘、锰、铁、锶、铜和铀等多种元素。利用地下卤水制盐较之海水制盐具有投资少、占地少和见效快的优势，莱州湾南岸的潍坊市和莱州市大力发展制盐业和盐化工业。莱州纯碱厂和潍坊纯碱厂是研究区的两个主要盐化工企业，主要生产纯碱、烧碱、溴及溴系列产品和苦卤化工。研究区原盐年产 1500 万 t 左右，占全国的 1/4；纯碱 300 万 t，占全国的 1/6；工业用溴素 10 万 t，占全国的 90% 左右。

莱州湾是我国重要的渔场，渔业资源丰富。但是近年来由于过度捕捞导致莱州湾渔业资源退化，资源退化必然导致捕捞量减少，莱州湾近海捕捞渔业资源开发利用正处于恶性循环之中。海水养殖业也是莱州湾南岸重要的产业，海水养殖包括滩涂养殖和 -5m 浅水深的浅海养殖。莱州湾滩涂资源丰富，充分利用浅海资源和滩涂资源，为本区海水养殖业的发展提供了有利条件。在海岸区依托防潮坝建有池塘养殖区。海盐生产和海水池塘养殖都要将海水引入陆地上的晒盐池或养殖池，卤水晒盐则将地下高浓度咸水汲取到地面晒盐池，人为促进海水或咸水向内陆运移 5～15km，且将咸水水位提高至海拔 3～5m，从而加速影响咸-淡水之间的水力平衡。多年来，滨海盐业和养殖业面积不断扩大，在创造经济效益的同时，也加重了海水入侵灾害（苏乔等，2009）。

莱州湾南岸的寿光市是全国最大的蔬菜生产基地和批发市场，蔬菜种植规模宏大，品种繁多，绿色无公害，营养丰富。寿光菜农不断引进各类新品种、新产品、新技术，在寿光及周边地区推广（包括省外），并和各类涉农企业、科研部门实行全方位合作，为我国的蔬菜生产贡献巨大。目前寿光蔬菜已销往全国 30 多个省（市、自治区）的 200 多个大中城市，并远销日本、韩国、俄罗斯、美国、委内瑞拉等国家，且深受世界各国消费者的喜爱。

莱州湾南岸农作物主要有小麦、玉米、棉花、大豆、花生、甘薯、黄烟、蔬菜瓜果等，全市粮食播种面积 1085.1 万亩，全年粮食总产量 456 万 t。

第二章　莱州湾南岸地下水赋存条件与水化学特征

第一节　地下水赋存条件与分布规律

地下水的赋存条件及分布规律受地层、地貌、构造及水文气象等自然条件所控制。研究区地处平原区，第四纪地层覆盖全区，地下水类型为松散岩类孔隙水。地下水主要赋存于第四系砂砾石层等含水介质中（刘桂仪，2000；李峰山和秦明清，1994；高茂生等，2015），黏性土作为相对隔水层，形成松散岩类孔隙水的多层含水结构，层间承压水发育，多以承压水类型存在，其分布规律如下：在南部山前平原，含水结构以单层为主，赋存类型为潜水或微承压水。从中部向北至滨海平原，含水结构变为多层为主，含水层厚度变薄，含水层之间黏性土层增厚，特别是到了滨海平原，这一特点更明显，赋存类型为潜水、微承压水、承压水（图2-1）。

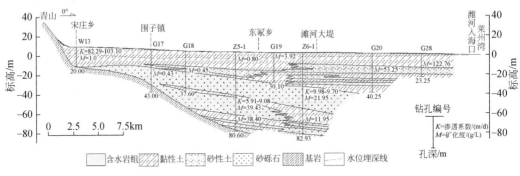

图 2-1　青山—围子镇—东冢—潍河入海口水文地质剖面图

资料来源：山东省地质环境监测总站，2013

从富水性方面，含水层的结构特征和地下水循环特征是决定地下水富水程度的主要因素。由图2-1可以看出，山前冲洪积平原地带含水介质一般颗粒较大，以中粗砂为主，尤其河流冲洪积扇区含水介质以砂砾石为主，厚度大，接受大气降水和河流的侧向补给充分，地下水循环速度快，富水性好，单井涌水量一般在 $1000 \sim 3000 \text{m}^3/\text{d}$，适合于作为地下水水源地，如潍河两岸的朱里水源地、昌邑水源地。冲洪积扇前缘及两侧含水介质颗粒变细，滨海平原地带以粉细砂为主，含水层厚度下，连通性弱，地下水补给条件差，循环速度慢，富水性较差，单井涌水量一般小于 $1000m^3/d$。

第二节　地下水含水岩组划分及水文地质特征

研究区地下水类型主要为松散岩类孔隙水，因受沉积环境、古地理、古气候、地质构造等因素的影响，含水层在空间上的岩性、分布形态和发育程度存在着较大差异。在垂向上，依据含水层的岩性组合特征以及地下水循环条件，将其划分为浅层含水岩组和深层含水岩组（付美兰，1984）。深浅层含水岩组以咸水层底界来划分，其上为浅水含水岩组，以下为深层含水岩组。实际上深层含水岩组仅在研究区北部存在，南部含水岩组基本上属单层结构，没有较为连续的相对隔水层将深浅含水岩组分开（图2-1）。

一、浅层含水岩组

浅层含水岩组，主要指深度小于120m浅层潜水、微承压水。成因类型则由山前的冲洪积、冲积向北部滨海过渡为冲积海积、海积（图1-3）。主要含水层岩性从山前平原的中粗砂、砾石等（厚度一般5～30m）变化为滨海地区的粉砂、细砂及中砂（砂层厚10～30m）。自南部山前至平原中部为淡水（M≤1g/L）分布区；向北至滨海平原依次变为微咸水（1g/L＜M≤3g/L）分布区，再向北为咸水区（M＞3g/L），并在沿海地带赋存丰富的卤水资源。

1. 浅层淡水分布区

浅层淡水主要赋存于山前冲洪积扇和潍河及其古河道堆积形成的河谷、阶地含水层中。山前冲洪积扇首部含水层单一，颗粒粗，一般为砂砾石层。冲洪积扇尾部有两个含水层，以红色、棕褐色黏土或粉质黏土为隔水层，上部含水层岩性为中砂、粗砂和粗砂夹砾石，顶板埋深8～20m，厚度6～13m（图2-2）；下部含水层岩性为粉土、粉砂或细砂，其顶板埋深22～35m，厚度6～11m。单井涌水量大多为500～$1000m^3/d$，在砂层厚度大的冲洪积扇轴部及潍河改道胶莱河古河道处（石埠—郭家庄子一带），单井涌水量为1000～$3000m^3/d$；在冲洪积扇边缘，单井涌水量小于$500m^3/d$。该类型地下水矿化度小于1g/L，大部分水化学类型属重碳酸氯化物型水。区内主要水源地有潍坊市朱里水源地和昌邑市水源地（包括辛置第一水源地和南金口第二水源地），2010 年水源地开采量分别为 0.87 万 m^3/d 和 6.84 万 m^3/d。由于水源地对地下水的大幅开采，使得该区水位下降较快，富水性较 20 世纪 80 年代变化较大，尤其是潍河冲洪积扇轴部，单井涌水量由 3000～5000m^3/d，下降为 1000～3000m^3/d。

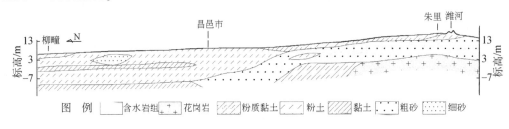

图 2-2　朱里—柳疃潍河冲洪积扇纵断面示意图

资料来源：同图 2-1

在河流上、中游，含水层分布于河谷及阶地。含水层岩性为中粗砂及卵砾石，埋藏于粉土或粉质黏土之下，或于河床漫滩处出露。其粒径大小、结构、发育程度与河流的规模有关，含水层埋藏状况和富水性，具有显著差异。

在河流下游，河道主流带及河间地带的富水性略有差异，冲积扇的岩性变化复杂。横向自河道或古河道向两侧变细，在其河道带含水层岩性为粗砂砾石、中砂，向两侧逐渐变为细砂、粉砂（图 2-3）；纵向上自上游向下游变细，上游含水层岩性为粗砂砾石及中砂，向下游逐渐变为细砂、粉砂、粉土；垂向上变化亦很复杂，由于河流多次堆积造成了多层结构，上层多为粉砂、粉土及粉质黏土，下部多为中粗砂夹砾石，最下部为黏土。

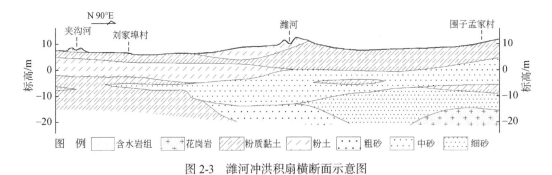

图 2-3　潍河冲洪积扇横断面示意图

总的来看，冲洪积扇的轴部堆积物颗粒粗大，而两侧及前缘变细。河流及古河道含水岩组岩性主要为粗砂砾石，这种粗砂砾石除河谷主流带直接裸露外，多为埋藏在粉土、粉质黏土之下。其水力性质为潜水及微承压水，富水性强，单井涌水量

$1000 \sim 3000 m^3/d$。冲积扇前缘及河间地块，由于含水层渐变为粉细砂，且厚度变薄，富水性减弱，单井涌水量 $500 \sim 1000 m^3/d$。

2. 浅层微咸水分布区

浅层微咸水分布区，以滨海平原孔隙水为主，分布在柳疃以北，为海积、冲积互层。上部为海积层，由粉砂、粉质黏土、淤泥及黏土组成，部分地区有海相贝壳碎片夹层，一般厚度为 $3 \sim 10m$，最大厚度31m；下部为冲积层，由粉质黏土、中细砂、粉土、粗砂及黏土互层。单井涌水量均小于 $1000 m^3/d$，在潍河轴部地带单井涌水量为 $1000 \sim 3000 m^3/d$，矿化度 $1 \sim 3g/L$，地下水化学类型以氯化物重碳酸型水为主。

3. 浅层咸水分布区

浅层咸水赋存于第四系海相地层的松散沉积物中，主要岩性以粉砂为主，还包括细砂，淤泥质粉砂、粗砾砂，粉质黏土。该类型地下水矿化度大于 $3g/L$，水化学类型为氯化物型水。

其中由于晚更新世以来的三次地壳升降运动，引起三次范围不一的海进海退，进而形成了相应的3个海相地层，其中赋存了大量的海水，这些在封闭状态下的海水，经过长时间的蒸发浓缩、埋藏、封存，在距海岸带约20km处，形成一条东西向展布的矿化度大于 $50g/L$、波美度大于 $6°$ 的卤水区。卤水含水层一般可大致划分为3层（图2-4），此带分布有很多盐田，是正在开发的卤水资源[1]。

图2-4　卤水区含水层横向剖面图

资料来源：潍坊市矿产资源开发中心，2007

---

[1] 山东省地质环境监测总站，2014，黄河三角洲高效生态经济区卤水资源调查与开采潜力评价报告。

二、深层松散岩类孔隙水

深层松散岩类孔隙水分布在昌邑市以北海积、冲洪积的海陆交互相堆积平原内。自南向北淡水顶界埋深逐渐变深，北部埋深大于200m。据资料显示在昌邑柳疃镇一带埋深180m左右，含水层岩性以中砂、细砂为主。多数区域单井涌水量小于500m³/d，仅在潍河附近富水性较强单井涌水量为1000～3000m³/d，其外围单井涌水量为500～1000m³/d。区内深层松散岩类孔隙水矿化度一般为1～2g/L。深层淡水的补给来源为南部山前地下径流，此层淡水补给较远，埋藏较深，受气候影响较小。水化学类型属重碳酸氯化物型水。

第三节　地下水循环、水化学及动态特征

一、地下水的补给、径流、排泄条件

该区浅层地下水主要补给来源为大气降水入渗补给、南部山区侧向径流补给以及河流、渠系水渗漏补给、田间灌溉水回归补给。该区地形较为平坦，坡降小，地表径流不发育，饱气带岩性主要为黏质砂土和粉砂，结构松散，渗透性强，因此大气降水为主要补给来源。地下水径流方向基本与地形一致，由南向北径流。由于地下水开采，形成了局部地下水位降落漏斗，改变了局部地下水的径流方向，使得局部地区地下水向漏斗区汇聚。地下水排泄在天然条件下以地下水蒸发排泄为主。由于地下水开采量的不断增加，使得区域地下水位大幅下降，本区地下水位埋藏深度已达10～40m，已超出地下水蒸发的临界深度，人工开采已成为地下水的主要排泄方式，其次是地下水径流排泄。

深层、中深层承压水可在深浅含水层水头差的作用下，通过弱透水层发生垂向越流获得补给，山前含水层的侧向补给也是其主要补给方式。地下水径流方向基本与浅层水一致，在水头差的作用下，由南而北径流。地下水开采和侧向径流也是深层地下水的主要排泄方式。

二、浅层地下水水化学特征

工作区浅层地下水水化学成分与地下水的循环条件、周围介质、地形地貌及

水文气象等密切相关（李胜男等，2008）。工作区浅层地下水水化学成分具有明显的分带性特点，自南向北、矿化度及总硬度由小变大，水化学组分含量由低到高，水质由好变差（图2-5）。根据舒卡列夫分类法，本区浅层地下水水化学类型主要有 HCO_3、$HCO_3 \cdot Cl$、$Cl \cdot HCO_3$ 及 Cl 4 种类型的地下水。阳离子成分划分为 $Ca \cdot Mg$、$Ca \cdot Na \cdot Mg$ 及 Na 3 种类型的地下水。HCO_3 型水主要分布在工作区南部山前倾斜平原上部，地形坡度不大，含水层岩性颗粒粗，地下水径流畅通，污染源较少，地下水水质良好；$HCO_3 \cdot Cl$ 型水主要分布在昌邑市、围子镇一带，水化学类型较为复杂，局部地带受到轻度污染，地下水水质较好；$Cl \cdot HCO_3$ 型水主要分布于夏店、卜庄镇一带，地下水受污染地区，地下水中 Cl^-、矿化度及总硬度含量普遍较高，地下水水质较差。Cl 型水大面积分布于北部沿海一带，矿化度均大于 2g/L，总硬度多大于 1000mg/L。受海洋性气候和地下水资源过度开采的影响，咸淡水分界线正在逐渐南移。

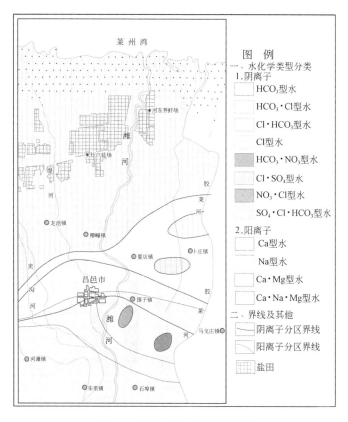

图 2-5　研究区地下水水化学图

三、地下水动态特征

1. 浅层松散岩类孔隙水水位动态特征

浅层松散岩类孔隙水的主要补给来源为大气降水，区内降水量大小直接影响了地下水水位动态变化。一般说来，在天然状态下（或受人类活动较少的区域），每年的1～3月份，区内降水量与蒸发量均较小，期间地下水位比较稳定。4～6月份，天气干旱，少雨多风，蒸发量处于一年中最大时期，此时地下水位不断下降，以至于降到全年最低谷。到7～9月份，进入雨季，降水量逐渐增多，蒸发量逐渐减少，地下水位逐渐抬升，一般至9月底达到全年最高水位。10～12月份又处于相对稳定的状态（图2-6）。在开采条件下，地下水位动态主要受人工开采的影响，如柳疃镇浅层地下水位动态曲线（图2-7）表明，地下水开采已超出了地下水的补给能力，地下水位呈下降趋势。在4～6月份，农业集中灌溉期，加大了地下水的下降幅度，在7～9月份雨季，开始获得大气降水的补给，农业灌溉也基本停止，地下水开采量变小，地下水位下降速度放缓。由于受开采影响，地下水位埋深较大，降水补给滞后，一般到来年2月地下水位回升到最高点。年内地下水总体处于负均衡状态，地下水位将持续下降。

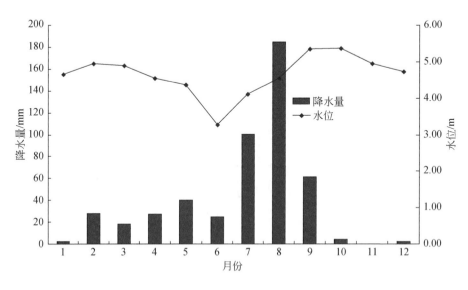

图2-6　围子镇2010年浅层地下水位动态曲线

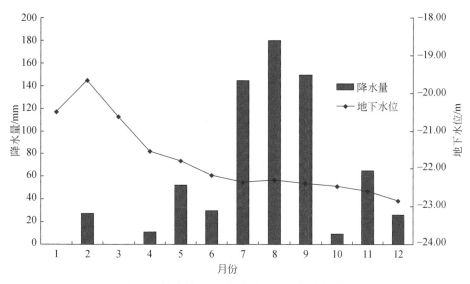

图 2-7　柳瞳镇 2011 年浅层地下水位动态曲线

　　浅层松散岩类孔隙水多年水位动态,在天然状态下(或受人类活动较少的区域),主要受大气降水量的影响。随降水量的大小,呈周期变化,水位相对稳定,历年水位变化不大。地下水多年动态呈均衡状态（图 2-8）。在开采状态下,浅层松散岩类孔隙水水位动态主要受开采量大小的影响,随着近年来开采量的不断加大,开采量大于补给量,水位呈持续下降趋势（图 2-9）。

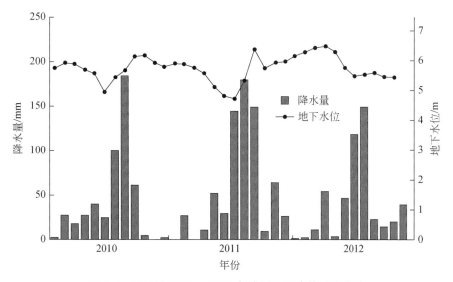

图 2-8　围子镇 2010 ～ 2012 年浅层地下水位动态曲线

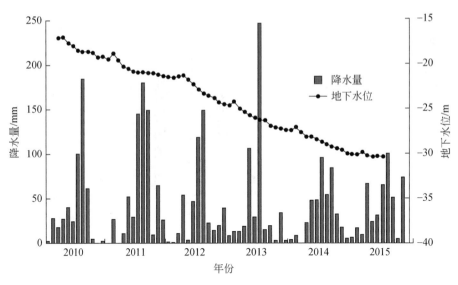

图 2-9　柳瞳镇 2010 ～ 2015 年浅层地下水位动态曲线

2. 深层松散岩类孔隙水水位动态特征

本区深层松散岩类孔隙水主要补给来源为地下水径流补给和浅层孔隙水越流补给。一般在丰水期随降水量的明显增加，深层松散岩类孔隙水水位会有部分上升，在枯水期随着补给的减少，水位也会部分下降，整体滞后于浅层松散岩类孔隙水。

深层松散岩类孔隙水多年水位动态主要受开采程度的影响。天然状态下，深层松散岩类孔隙水水位相对稳定，呈动态均衡状态；在开采状态下，深层松散岩类孔隙水在开采程度不断加大的情况下，开采量大于补给量，水位呈持续下降趋势（图2-10）。

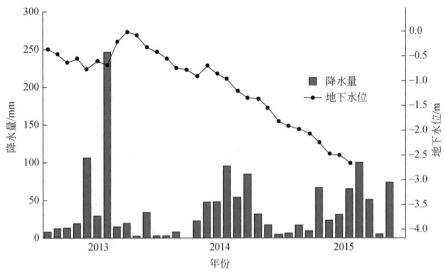

图 2-10　柳瞳镇 2013 ～ 2015 年深层地下水位动态曲线

第三章 莱州湾南岸水文地质条件及海（咸）水入侵机理分析

第一节 咸淡水界面演化特征分析

地下咸淡水的分布虽受地层沉积背景条件的影响，但在水动力条件作用下，咸淡水界面也将发生变化。自20世纪70年代，受自然因素和人类活动的影响，咸淡水界面出现向内陆推进［即海（咸）水入侵的开始］，至今可划分为4个阶段。

第一阶段为发生、发展阶段（1976～1985年），由于降水量偏少、蒸发量加大和工农业需水量的急剧增加，引起地下水位下降，海（咸）水入侵发生开始。海（咸）水入侵发生初期，入侵较慢，入侵面积较小，以局部入侵为主。至1985年，入侵面积扩大，入侵范围由局部向区域发展，向南入侵的距离加大，最大入侵距离在昌邑市龙池镇以北约6km处（刘付程等，2004；李欣运等，1994）。

第二阶段为快速发展阶段（1986～1990年），由于昌邑市大量开采地下水，使地下水位大幅度下降，地下水降落漏斗不断扩大，海（咸）水入侵平均每年入侵速率为1.44km/a，最大入侵距离在昌邑市青乡以南约12km处。

第三阶段为慢速发展阶段（1991～2000年），这一阶段人们逐渐认识到海（咸）水入侵的危害，地下水开采进行了适当限制，同时近海卤水的开采量在逐年增大，使海（咸）水入侵速度减缓，局部出现了退缩，昌邑市柳疃—青乡一带咸水北退8km。

第四阶段为稳定发展阶段（2001～2015年），这一阶段人们通过调整地下水与卤水的开采较好地控制了咸淡水界面的。使咸淡水界面控制在一定范围之内（图3-1）。由图可以看出，以矿化度2.5g/L为标准划定的海（咸）水入侵锋线，在这个阶段海（咸）水入侵锋线动态变化基本处于徘徊状态。

图 3-1　海（咸）水入侵锋线变化图

第二节　咸淡水界面迁移影响因素分析

　　影响咸淡水界面迁移的因素可分为自然因素和人为因素，自然因素主要是地质条件、大气降水和风暴潮等，人为因素主要是地下水开采及卤水的开采。按照研究区咸淡水界面变化情况，地下水资源开发和卤水资源开采起了决定作用。

一、自然因素

1. 气候因素

气候变化对海水入侵起着重要作用。研究区冬季受寒潮影响气候干冷，夏季炎热少雨，属典型大陆性气候。受全球气候变化的影响，近50年来大气降水量呈减少的趋势（图3-2），地表水资源紧缺，人们加大了地下水的开采强度，形成了地下水位降落漏斗，使含水层中咸、淡水之间的动态平衡被破坏。海（咸）水入侵加剧（苗青，2013）。

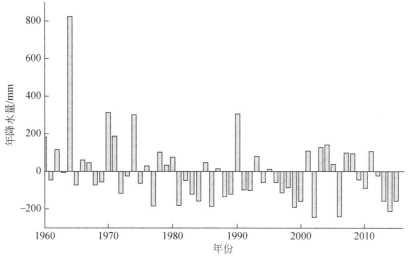

图 3-2　大气降水距平图

由气候变暖而引起的海平面升高是研究区海（咸）水入侵的全球气候背景。海平面变化也是造成研究区海水入侵发生的主要因素（蒙永辉等，2014）。据原国家海洋局（现自然资源部第一海洋研究所）监测与分析结果，中国沿海海平面呈波动上升趋势，渤海海平面上升速率为2.3mm/a。图3-3是莱州湾羊角沟站年平均海平面标高变化图，从中可以看出海平面呈上升的趋势。海洋作为研究区地下水系统的北部边界，海平面的不断升高，直接影响地下水动力场的变化（图3-4），对该区地下水咸淡界面平衡产生了一定影响，也加剧了海水入侵灾害的发生[1]。

---

[1] 山东省地质环境监测总站，潍坊市矿产资源管理中心，2013，黄河三角洲高效生态经济区（潍坊）海（咸）水入侵调查与监控预警系统建设报告。

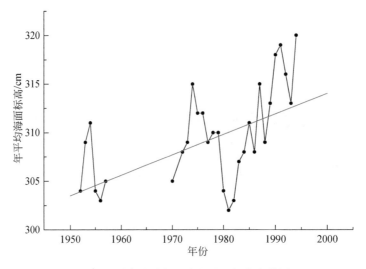

图 3-3　羊角沟站年平均海平面标高变化图

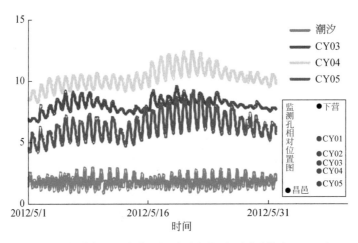

图 3-4　潮汐与地下水位埋深波动变化对比图（苗青，2013）

　　另外，研究区常年强烈而持续的东北风，使本区成为风暴潮灾害的多发区，根据原国家海洋局海洋公报显示，自 2000 ～ 2009 年十年期间，研究区发生风暴潮 21 次，形成灾害 5 次；2004 年沿海发生了近年来最强的一次温带风暴潮灾害，海潮退后，仍有部分海水滞留在滨海平原洼地之中，造成海水入侵灾害。

2. 地质条件

　　在研究区沿海岸地带赋存着丰富的卤水资源，卤水矿化度一般大于 50g/L，波美度大于 6°，卤水资源处于海水与地下淡水之间，在水动力条件作用下，发生海（咸）水入侵，应该说研究区首先是咸水入侵。

　　研究区第四系沉积厚度较大，沉积物成因类型以海相、湖沼相、河流冲积物为主，入海河流发育形成了众多埋藏古河道。埋藏古河道一般厚度较大，沉积物颗粒粗，成为该区的主要含水层。古河道带呈掌状向偏北方向放射状分布，总体可以分为 5 支主要河道带（图3-5）。在潍河冲洪积扇上，古河道砂层顶、底板埋深在冲积扇体顶部一般分别为 5 ～ 8m、30 ～ 35m；在冲积扇中部及前缘部位埋深则一般分别为 8 ～ 20m、50 ～ 65m；而冲积扇以外的滨海平原地区，古河道的顶底板埋深一般分别为 12 ～ 24m、40 ～ 50m。研究区埋藏古河道带砂层的埋藏深度有着如下的分布规律：河道带砂层自南向北顶板埋深由浅变深，而底板埋深在冲积扇上自南向北也由浅到深，而在冲积扇外滨海平原埋深变浅；潍河埋藏古河道带砂层累计厚度在昌邑北部地区可达到 20 ～ 50m。

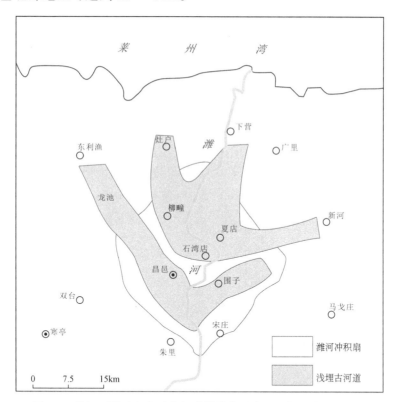

图 3-5　潍河下游冲积扇及古河道带分布示意图（胡云壮，2014）

　　研究区沿岸卤水体与潍河古河道体系有良好的水力联系，受沉积特征的控制，在天然状态下，咸淡水分界线与卤水分布区南界基本平行。潍河下游地区受到河流对地下水的冲淡作用，卤水分布南界及咸淡水分界线向北突出。研究区东部厥里盐区为高浓度卤水体，受胶莱河水流影响较小，在强透水层的作用下，其咸淡水分界线明显偏向于淡水区。

在潍河下游，北部的卤水区为海积层，在河流带和古河流入海口地段有冲积层，含水层呈多层状，厚度和粒度变化在近河流带较粗，远之则变细，可将咸水区含水层划分为3个层组（图3-6），第一含水层组多为潜水，其余为承压水。第一含水层组底板埋深从2.40～51.00m不等，使得潜卤水层的厚度变化较大，从2.80～35.80m不等。潜卤水层底板埋深最浅的是研究区东部第24勘探线，最浅底板埋深仅为2.40m，底板埋深最大的是研究区西部第15勘探线，底板埋深达51.00m。岩性均为粉砂。第二含水层组顶板埋深为8.6～40.40m，底板埋深18.00～71.50m，含水层厚度5.0～24.20m，是主要含卤水层。岩性主要是粉砂，其次是细砂，少有中粗砂。在古河道沉积区，厚度较大，岩性为中粗砂、含砾粗砂，水力性质为微承压水、承压水。第三含水层组为承压水，顶板埋深为26.00～52.20m，底板埋深31.00～72.50m，含水层厚度1.80～22.10m，厚度变化较大，岩性为粉砂、细砂、偶有中粗砂（表3-1、图3-6）。

表3-1 研究区卤水层特征一览表

勘探线剖面编号	地下卤水层位	顶板埋深/m	底板埋深/m	厚度/m	含水层岩性	卤水浓度/（°Be'）
15线	第一层（潜水）	—	15.20～51.00	35.80	粉砂	6～10
	第二层（承压水）	8.60～18.00	19.40～23.00	5.0～10.80	粉砂	7～12
	第三层（承压水）	29.60～33.50	40.6～44.0	10.50	粉砂	11～15
16线	第一层（潜水）	—	13.80～24.60	10.60	粉砂	5～10.5
	第二层（承压水）	9.00	33.20	24.20	粉砂	7～13
	第三层（承压水）	50.00	53.20	3.20	粉砂	9
23线	第一层（潜水）	—	25.40	22.20	粉砂	6
	第二层（承压水）	17.00～19.00	20.6～29.0	3.60～10.00	粉砂	10～12.5
	第三层（承压水）	40.40～50.40	56.5～72.5	16.10～22.10	粉砂	7.5～9
24线	第一层（潜水）	—	2.4～7.0	4.0～4.60	粉砂	7～8
	第二层（承压水）	12.00	30.60	18.60	粉砂	6～10
	第三层（承压水）	34.60	43.20	7.60	粉砂	10

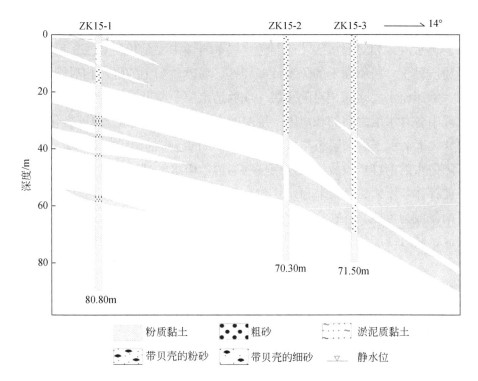

图 3-6（a） 卤水层第 15 勘探线地质剖面图

资料来源：潍坊市矿产资源开发中心，2007

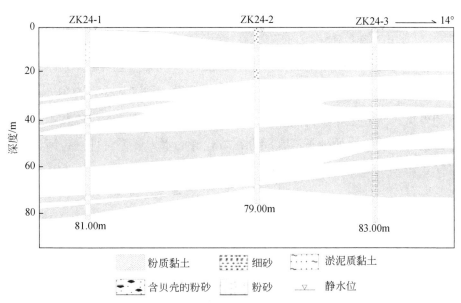

图 3-6（b） 卤水层第 24 勘探线地质剖面图

资料来源：潍坊市矿产资源开发中心，2007

区内所有的潜卤水层与承压卤水层之间及各承压卤水层之间均有相应的相对隔水层或弱透水层，相对隔水层（或弱透水层）岩性主要是粉质黏土、粉砂质黏土、淤泥质粉质黏土。粉质黏土的隔水性能较好，粉砂质黏土的隔水相对较弱。潜卤水层与第一承压卤水层之间相对隔水层（或弱透水层）厚度为 1.80 ～ 4.50m。深部承压卤水层中各含水层之间的相对隔水层厚度在 3.50 ～ 22.00m，厚度变化较大。

研究区下部承压卤水层组与本区南部、中部的各古河道带相对应，且连通性好，含水层随卤水的南移扩散成为咸水南侵的通道。卤水的埋藏呈多层性，承压卤水浓度高，储存体粒度大，且与非卤水层位有较好的水力联系，使卤水在咸水水头压力作用下南侵成为可能，并在古河道强透水砂层的作用下，大范围地、快速地侵入南部淡水区，其入侵层位与古河道的埋藏特征有着紧密的联系。（图 3-7）

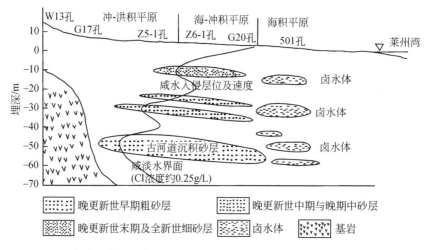

图 3-7　卤水埋藏、入侵层位及与古河道沉积的关系图（刘恩峰，2002）

由此可见，研究区埋藏古河道带北部与地下卤水体的埋藏层位基本一致，并且与南部山前冲洪积平原的地下淡水间存在着较好的水力联系。埋藏古河道带成为了研究区海（咸）水向陆地入侵的主要通道。

二、人为因素

1. 地下淡水资源的开采

在天然状态下，地下水补给主要来自降水入渗补给和河水渗漏补给；地下水径流方向与河流流向基本一致，由南向北径流；地下水排泄主要是在沿海地带以蒸发排泄和向海径流排泄为主。

自 20 世纪 70 年代以来，随着社会经济的发展，对水资源的需求量日益增大，昌邑市为满足社会经济发展对水资源的需求，在市区附近及潍河两侧建立了地下水水源地。潍河西侧为第一水源地，位于市区至辛置一带；潍河东侧为第二水源地，位于南金口一带；总面积为 30.40km²。第一水源地建于 1982 年，自 1984 年正式供水运行以来，供水量逐年递增，1990 年日供水量由原设计的 3000m³ 增加到 20000m³，由于开采量过大，日供水量大大超过设计能力，水源地水位急剧下降，早在 1985 年就出现了地下水位降落漏斗，海（咸）水入侵也已十分明显。为解决供需矛盾，昌邑市自来水公司于 1992 年在南金口一带又开辟了第二水源地，该水源地含水层岩性为第四系砂砾石层，一般厚 3.00～12.00m，最厚达 18.00m。开采层位为 28～42m。

自 1985～2005 年间，随着地下水开采量的不断增加（图 3-8），地下水位一直处于下降状态（图 3-9）。到 2005 年地下水降落漏斗中心水位 -15.3m，漏斗区水位标高小于 -4m 的区域面积为 119.07km²，比 2000 年的 84.135km² 增大 1.42 倍。由于地下水漏斗的不断扩大，地下水径流方向改为向漏斗区汇流，为海（咸）水入侵提供了动力条件。海（咸）水入侵面积也由 2000 年以前的 136.5km²，扩大到 2005 年的 356.8km²。5 年间增加 220.3km²。为了有效地控制海水入侵，自 2006 年开始，当地减少了地下水的开采量，开采量仅为 2005 年前的一半，主要减少了北部农业灌溉用水及工业自备井用水，使北部地下水位不再持续下降（图 3-9），海（咸）水入侵也得到很好控制。到 2011 年海（咸）水入侵面积为 302km²。与 2005 年相比，海（咸）水入侵面积减少了 54.8km²。由于水源地的开采量并没有减少，地下水降落漏斗中心水位仍在持续下降，降落漏斗还在扩大。到 2012 年枯水期漏斗中心水位 -22.33m，以 -4m 线封闭的漏斗面积 174.76km²（图 3-10、图 3-11）。

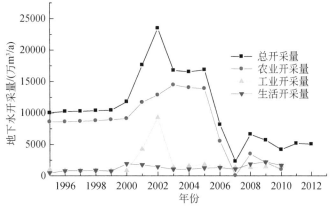

图 3-8 研究区地下水开采量变化

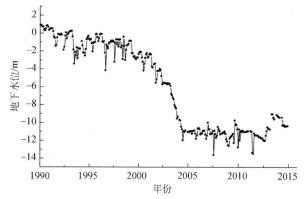

图 3-9 东冢乡水利站地下水位动态曲线

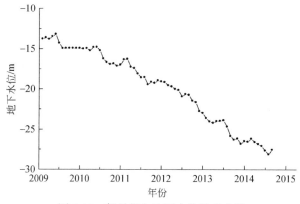

图 3-10 都昌街办地下水位动态曲线

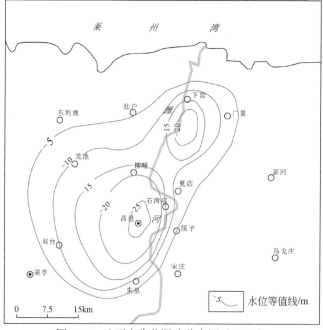

图 3-11 地下水降落漏斗分布图（2012）

虽然资料来源不统一，但总体上说明地下水开采、地下水位动态、地下水流场、海（咸）水入侵之间的内在联系。只要有效地管控好地下水的开采量，就能很好地管控好地下水流场，防止海（咸）水入侵加剧。

2. 卤水资源的开采

研究区沿海地带，赋存着丰富的卤水资源，盐及盐化产业是研究区沿海开发的重中之重。目前已开发盐田 80km²，年产原盐 400 万 t，若按 16m³ 卤水产 1t 盐，卤水年开采量为 6400 万 m³。随着卤水资源的持续开发，开采深度也在不断增大，使得卤水区地下水位也持续下降（图 3-12），在沿海区域形成了卤水开采漏斗（图 3-11），这在一定程度上减少了咸水的水头压力，局部改变地下水流向，使咸水向漏斗区汇流。这也是近年来咸水入侵速度减缓，甚至后退的原因之一。另外，卤水区的地下水位低于海平面，也为海水向卤水区的入侵提供了驱动力。由于海水的侵入，造成卤水资源的浓度降低。

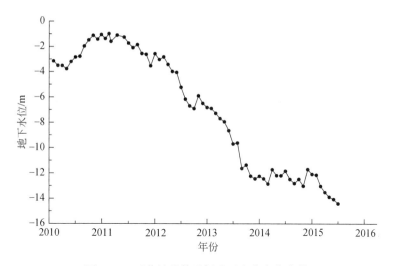

图 3-12　下营镇北养殖场地下水位变化曲线

第四章 海（咸）水入侵数值模型

第一节 水文地质条件概化

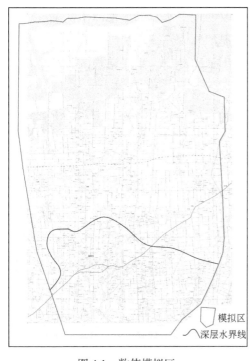

图 4-1 数值模拟区

根据研究区水文地质条件，本次模型区域处在潍河下游流域，南部边界以潍河冲洪积扇顶部为界，北部到海岸线，东部边界以胶莱河为界，西部边界为潍河与白浪河冲积地层的交接处，面积 946.75km² （图 4-1）。含水层主要是洪积、冲积和海洋沉积物。南部冲洪积物含水层以单层为主，厚度大、颗粒粗、渗透性较强，北部海积地层中，含水层层次多、厚度小，颗粒细、渗透性较弱。根据上面论述的含水层特征，以咸水区含水层的特征，并考虑浅部卤水含水层（潜水层）很多区域地下水位已低于含水层底板，含水层被疏干，因此将浅部卤水含水层与第一承压（微承压）卤水含水层概化为一层，下部各承压卤水含水层概化为一层，咸水层以下深层淡水概化为一层。按照地质剖面地层结构，从北部卤水区向南推，将整个含水层结构，概化为三层含水层和两层相对隔水层（弱透水层）。其实南部冲洪积物中相对隔水层分布很少且不连续，这种情况将在模型中利用地层渗透性的不同来再现模拟实际地层结构。根据含水层的渗透性，将含水层概化为非均质各向异性含水层。地下水流系统概化为三维流。所以地下水系统概化为非均质各向异性三维非稳定流。

边界条件的处理，除北部海岸线边界作为给定水位边界以外，南部、东部和西部边界均作为流量边界处理。

第二节　数 学 模 型

根据上面水文地质条件的概化，可写出如下地下水流数学模型：

$$
\begin{cases}
\dfrac{\partial}{x_i}\left[K_{ij}\left(\dfrac{\partial H}{\partial x_j}+\eta Ce_j\right)\right]=\mu_s\dfrac{\partial H}{\partial x}+\varphi\eta\dfrac{\partial C}{\partial x_i}-\dfrac{\rho}{\rho_0}q \\
H(x_i,o)=H_0(x_i) \\
H(x_i,t)\big|_{\Gamma_1}=H_B(x_i,t) \\
K_i\dfrac{\partial H}{\partial n_i}\bigg|_{\Gamma_2}=\dfrac{\rho_{B2}}{\rho}q_{B2} \\
K_i\dfrac{\partial H}{\partial n_i}\bigg|_{\Gamma_3}=\left(\dfrac{\rho_0}{\rho}W'-\dfrac{\rho^*}{\rho}\mu\dfrac{\partial H}{\partial t}\right) \\
H^*(x_i,t)\big|_{\Gamma_3}=H_e
\end{cases}
\tag{4-1}
$$

式中：H 为地下水位（相对于淡水），单位为［L］；K_{ij} 为渗透系数张量，单位为 ［LT^{-1}］（i，j=1，2，3…）；η 为密度耦合系数，$\eta=\varepsilon/C_s$；ε 为密度差率，ε（ρ_s－ρ_0）/ ρ_0；C_s 为与流体最大密度 ρ_s 对应的浓度，单位为［mL^{-3}］；ρ 为混合溶液的密度，单位为［mL^{-3}］；ρ_0 为参考密度（淡水密度），单位为［mL^{-3}］；C 为溶液浓度，单位为［mL^{-3}］；e_j 为重力方向单位矢量第 j 个分量；μ_s 为贮水率；φ 为孔隙率；q 为单位体积孔隙介质源（或汇）流量，单位为［T^{-1}］；x_i，x_j 为笛卡尔坐标系（i，j=1，2，3…）；H_0 为地下水初始水位，单位为［L］；H_B 为边界 Γ_1 上的给定地下水位，单位为［L］；q_{B2} 为边界 Γ_2 上补排强度，单位为［LT^{-1}］；W' 为潜水面边界 Γ_3 上的补排强度，单位为［LT^{-1}］；H^* 为潜水面边界 Γ_3 上各点地下水位，单位为［L］；H_e 为潜水面边界 Γ_3 上各点的高程，单位为［L］；n_i 为边界上外法线单位矢量。

本次模拟将水的矿化度作为海咸水入侵的模拟因子，由于实际资料限制，仅考虑水动力弥散问题，水动力弥散方程如下：

$$
\begin{cases}
\dfrac{\partial}{\partial x_i}\left(D_{ij}\dfrac{\partial C}{\partial x_j}\right)-\dfrac{\partial}{\partial x_i}\left(\mu_i C\right)=\dfrac{\partial C}{\partial t}-\dfrac{q}{\varphi}C^* \\
C(x_i,0)=C_0(x_i) \\
C(x_i,t)\big|_{\Gamma_1}=C_B(x_i,t) \\
\dfrac{\partial}{\partial x_i}\left(D_{ij}\dfrac{\partial C}{\partial x_j}\right)\bigg|_{\Gamma_2}=\dfrac{\partial}{\partial x_i}\left(\mu_i C\right)-D_{ij}\dfrac{\partial C}{\partial n_i}\bigg|_{\Gamma_3}=\left(1-\dfrac{\rho^*}{\rho}\right)\dfrac{C}{\varphi}\mu\dfrac{\partial H}{\partial t}+\dfrac{W'}{\varphi}\left(\dfrac{\rho_0}{\rho}C-C'\right)
\end{cases}
\tag{4-2}
$$

式中：D 为水动力弥散系数张量，单位为 $[L^2T^{-1}]$，μ_i 为地下水实际流速在 x_i 方向的分量，单位为 $[LT^{-1}]$；C^* 为抽出或注入液体的浓度，单位为 $[mL^{-3}]$；C_0 为初始浓度，单位为 $[mL^{-3}]$；C_B 为边界 Γ_1 上的给定的浓度，单位为 $[mL^{-3}]$；C' 为降水入渗的浓度，单位为 $[mL^{-3}]$。

第三节 数值模型的建立及求解

为了求解地下水运动数学模型，考虑到数学模型是三维非均质非稳定流，水质模型为变密度扩散模型，本次数值模型的建立及求解采用 Visual MODFOLW 地下水移模拟专业软件中 SEAWAT-2000 程序进行。

本次渗流区域的剖分利用矩形网格对渗流区进行离散。渗流区的剖分结果见图 4-2，网格间距为 500m，共剖分 3787 个有效单元，垂直方向上按照前面的含水层概化，将其剖分成 5 层，三层含水层和二层弱透水层（图 4-3）。

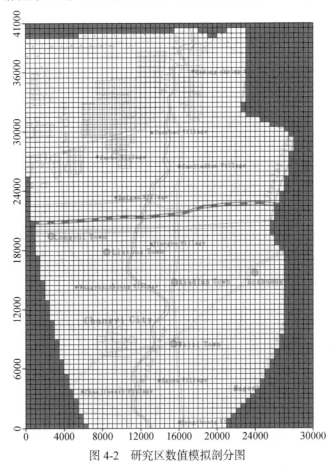

图 4-2 研究区数值模拟剖分图

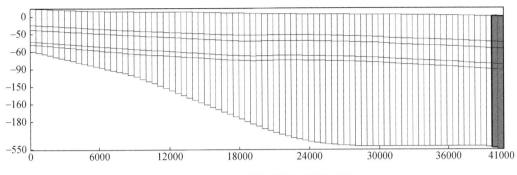

图 4-3　研究区数值模拟剖分剖面图

第四节　数值模型的调试和识别

一个数值模型能否真正地反映和再现实际水文地质条件还有待于进行识别。模型识别就是对数学模型、边界条件、垂向补给、排泄强度的分配、水文地质参数以及河流渗漏极限强度等内容的识别。模型的识别是利用 2011 年 1 月至 2012 年 12 月的地下水动态资料来进行调试和验证的，共分 24 个时段，每个时段为 1 个月。

一、各种数据初值的确定

1. 初始流场和初始浓度场

地下水初始流场：由于研究区地下水位分层观测资料非常少，不可能绘制出各含水层的地下水流场。通常监测的地下水位一般属于潜水或浅层承压水的水位（或水头），本次模拟将 2010 年 12 月的实测地下水流场作为模型识别的第一和第二含水层的初始流场(图 4-4)。第三含水层实测水位基本没有，根据个别点的水位监测值，推测其由南向北的水力坡度，依深层含水层南部界线上的地下水水位值为依据，给出深层水的模拟初始地下水流场。

地下水初始浓度场：前面讲了本次海（咸）水入侵选择地下水矿化度作为鉴别因子，浅部地下水初始浓度场，在南部以 2010 年底地下水矿化度实测值作为初始浓度值，北部卤水区根据 2007 年卤水勘察的卤水波美度值（图 4-5），依卤水波美度与浓度的转化关系（表 4-1）和研究区卤水主要阴阳离子比例分布（图 4-6），

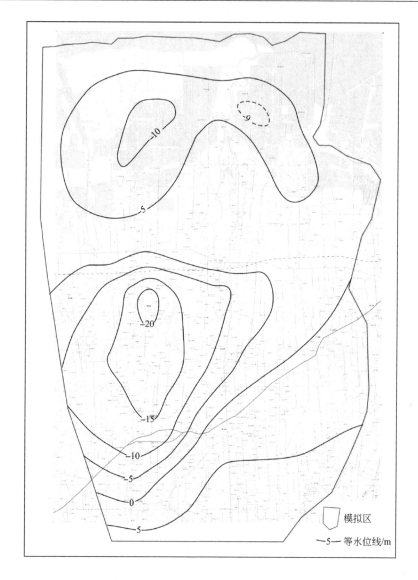

图 4-4　数值模拟地下水初始流场图（2010 年 12 月）

可将卤水波美度转化为浓度，近似作为卤水矿化度，并将其作为第一层和第二含水层的矿化度初值，形成第一、第二含水层模拟的初始浓度场（图 4-7）。深层含水层（第三含水层），依据南部深层水界线上的矿化度情况，设定深层含水层地下水矿化度均为 2000mg/L。

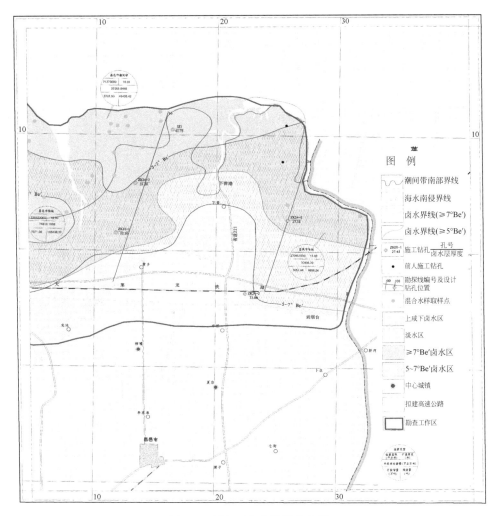

图 4-5 研究区卤水资源分布图

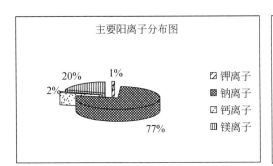

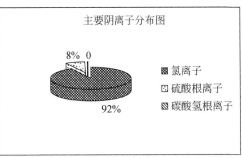

图 4-6 主要阴阳离子比例分布图

根据舒卡列夫分类方法，图中各离子百分比为当量比

表 4-1 卤水波美度对照表

序号	15℃时 / 波美度 °Be'	比重	浓度 /（g/L）	备注
1	0.0	1.0000	0.0	
2	1.0	1.0069	9.6	
3	2.0	1.0140	19.6	
4	3.0	1.0212	29.9	
5	4.0	1.0285	40.4	
6	5.0	1.0358	51.3	
7	6.0	1.4034	62.3	
8	7.0	1.0509	73.4	
9	8.0	1.0587	84.9	波美度 =144.3−（144.3/ 比重）；
10	9.0	1.0665	96.8	比重 =144.3/（144.3− 波美度）；
11	10.0	1.0745	109.1	考虑温度的影响，进行如下修正：
12	11.0	1.0825	121.3	15.6℃为基准温度，每升高 1℃，波美度会降
13	12.0	1.0907	134.0	低 0.052。
14	13.0	1.0990	146.8	
15	14.0	1.1074	160.2	
16	15.0	1.1160	174.0	
17	16.0	1.1256	187.7	
18	17.0	1.1335	201.5	
19	18.0	1.1425	216.2	
20	19.0	1.1516	231.1	
21	20.0	1.1608	245.9	

2. 垂向补给强度

降雨入渗系数，根据包气带的岩性和厚度，地形地貌条件把计算区的降雨入渗系数分为 6 个分区，参考前人工作报告，给出初值，待模拟时确定。有效降水量的舍取原则，考虑到本区地下水位埋深大，降水量小时对地下水补给作用不大，认为月降水量大于 20mm 才对地下水的补给有效，小于 20mm 的剔出。

河渠渗漏补给强度：潍河、胶莱河渗漏补给地下水，均是以极限渗漏强度的方式将地下水与地表水联系起来。潍河、胶莱河仅在雨季有水，只考虑雨季河水渗漏补给，按照河床包气带岩性，在参考前人工作成果的基础上，给出各河段极限渗漏补给强度的初值。在模拟时根据地下水位动态变化再进行调整。渠系和盐场一般有防渗措施，再加上长期流动高浓度卤水，底层防渗性能很好，基本不渗漏。

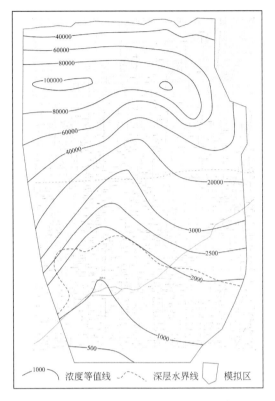

图 4-7 浅层含水层地下水初始浓度场

浓度等值线为地下水矿化度，单位：mg/L

3. 垂向排泄强度

潜水蒸发主要受潜水面埋深（或饱气带厚度）、气象因素、土质和植被的影响。目前国内外大多采用柯夫达—阿维里扬诺夫的公式，计算潜水蒸发强度。该公式是建立在潜水蒸发强度 ε 与水面蒸发强度 E_0、潜水埋藏深度的关系上，即

$$\varepsilon = E_0 \left(1 - \frac{H_a - H}{S_{max}}\right)^n \qquad (4-3)$$

式中：n 为无量纲指数，与土壤质地有关，一般取 $n=1 \sim 3$，目前数值模拟的通用软件一般取值为 1；E_0 为液面蒸发强度，单位为 $[LT^{-1}]$，按当地气象站实测资料乘以 0.62（蒸发器皿的换算系数）；S_{max} 为潜水蒸发的极限深度，单位为 $[L]$，其值主要取决于土壤毛细管输水性能及作物生长情况，本次计算取值为 4m。

地下水的人工开采量是根据水资源管理部门的统计资料和部分调查核对后给定的。研究区地下水资源开采量见表 4-2。2011 年地下水资源开采量按照水源地统计，在模型中也加载到相应位置上。2012 年按照实际用途统计用水量，在模型计算时

也基本按照 2011 年各水源地开采比例分配，加载到相应模型位置上。

卤水资源的开采按年产 300 万 t 原盐，每吨原盐需 16m³ 卤水，年开采卤水 4800 万 m³。卤水资源的开发基本按照卤水区分布均匀加载到模型中，在模型识别时再作相应调整。

表 4-2　研究区地下水资源开采量表

2011 年		2012 年	
开采位置或用途	水资源量 / (10⁴m³/a)	用途	水资源量 / (10⁴m³/a)
辛置水源地	1839.60	农田灌溉用水	1800.00
南金口水源地	660.65	林牧渔用水	90.00
朱里水源地	317.55	工业用水	1260.00
北部工业自备及农田灌溉	2244.75	城镇生活用水	634.50
		居民生活用水	1323.00
		生态环境用水	70.00
合计	5062.55	合计	5177.5

4. 边界条件的处理

西部边界、东部边界、南部边界的流量边界，其初值是根据地下水流场特征分析，按照达西定律求其流量后相应给出，等模拟识别时再进一步确定。

北部海岸边界作为给定水位边界，根据渤海湾海平面高程的观测，并考虑海水潮位变化，结合实际观测的海水潮位变化确定给定水位边界（图 4-8）。

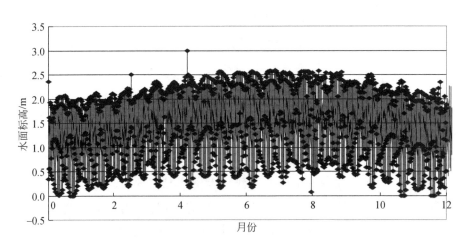

图 4-8　海水潮位变化曲线

5. 水文地质参数初值的给出

根据研究区内前人的工作报告，结合区内地质、水文地质条件，对模拟区进行水文地质参数分区，并给出各分区的渗透系数和给水度初值，待模拟时再确定。

二、模型的调试与识别

这次模型识别主要利用 2011～2012 年的地下水动态资料对模型进行了调试与识别。把 2010 年底实测的地下水流场作为初始流场，对典型观测孔的实测（H—t）地下水位动态曲线和 2012 年年底的地下水流场、地下水浓度场（矿化度）进行拟合。有了前面的初值，模型就可以进行反演计算了，让模型运行 24 个时段（时间步长为 1 个月），记录下每个时段各观测孔的地下水位和 2012 年 12 月的地下水的计算流场。若各种计算初值给的合理，计算的（H—t）曲线和流场应与实测的（H—t）曲线和流场基本拟合，否则要反复调整水文地质参数、垂向补排强度等各种不确定因素进行试算，一直到曲线拟合程度满足要求，经反复调试，各观测孔动态曲线和2012 年年底地下水流场、地下水浓度场拟合较好（图 4-9、图 4-10、图 4-11）。

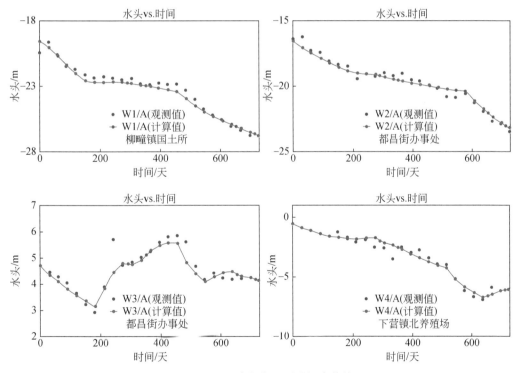

图 4-9　地下水长期观测孔拟合曲线

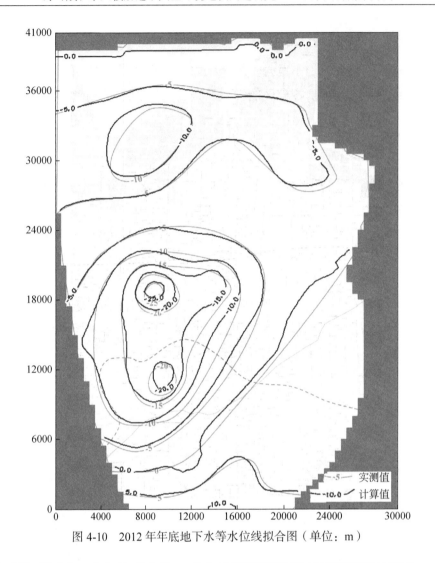

图 4-10　2012 年年底地下水等水位线拟合图（单位：m）

通过模型调试，水文地质参数、垂向补排强度等都有不同程度的调整。

三、模型识别结果

模型识别表明：水文地质条件的概化是合理的，数学模型是正确的，水文地质参数、垂向补、排强度及边界的侧向径流量等通过调整，也是比较符合实际的。模型识别后的降水入渗系数分区及入渗系数见表 4-3 和图 4-12；含水层及弱透水层的

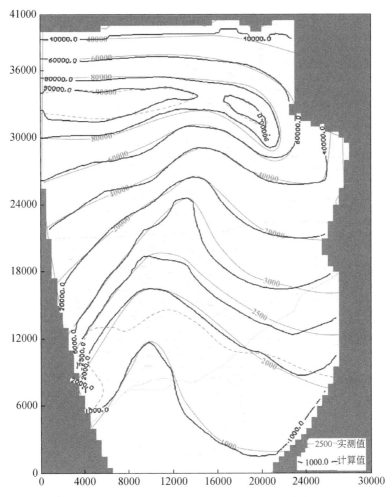

图 4-11 2012 年底地下水矿化度等值线拟合图（单位：mg/L）

水文地质参数分区及参数见图 4-13、图 4-14 和表 4-4、表 4-5。模型验证识别结果表明模型是能够真实反映海（咸）水入侵变化的，可以利用验证后的模型进行海（咸）水入侵预报。

表 4-3　降水入渗补给系数

补给分区	I	II	III	IV	V
补给系数	0.25	0.23	0.2	0.16	0.0

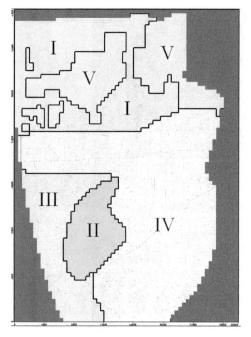

图 4-12　降水入渗补给分区

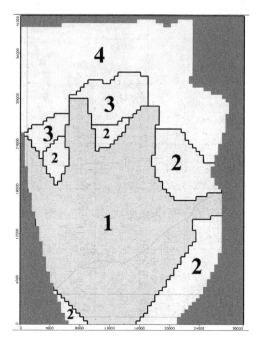

图 4-13（a）　含水层 I 水文地质参数分区

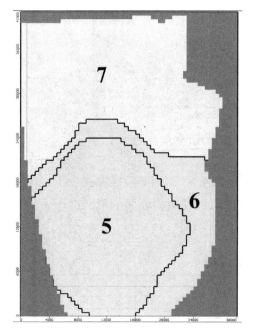

图 4-13（b）　含水层 II 水文地质参数分区

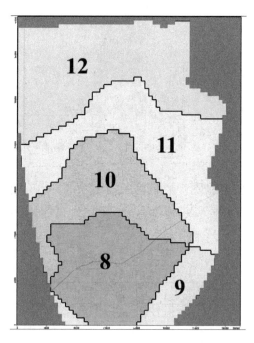

图 4-13（c）　含水层 III 水文地质参数分区

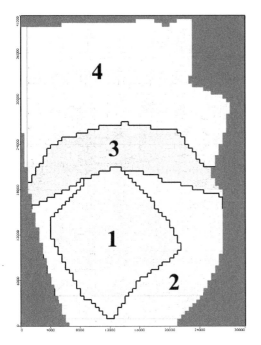

图 4-14（a） 弱透水层 I 水文地质参数分区

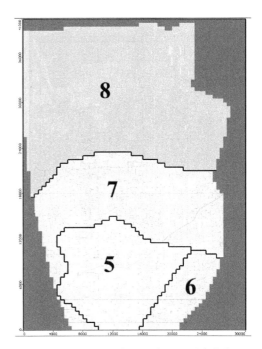

图 4-14（b） 弱透水层 II 水文地质参数分区

表 4-4 含水层水文地质参数表

参数分区	水平渗透系数 /（m/d）	垂向渗透系数 /（m/d）	给水度	贮水系数
1	10.00	1.00	0.22	0.0002
2	3.50	0.35	0.15	0.00015
3	2.80	0.28	0.10	0.00007
4	2.20	0.22	0.07	0.00006
5	12.00	1.20	0.23	0.0003
6	4.00	0.40	0.12	0.00015
7	2.50	0.25	0.09	0.00007
8	11.00	1.10	0.22	0.0003
9	4.5	0.45	0.12	0.00015
10	10.00	1.00	0.22	0.0002
11	3.5	0.35	0.12	0.0001
12	3.0	0.30	0.08	0.00006

表 4-5　弱透水层水文地质参数表

参数分区	水平渗透系数 /（m/d）	垂向渗透系数 /（m/d）	给水度	贮水系数
1	5.00	0.50	0.11	0.0001
2	2.20	0.22	0.08	0.00009
3	0.80	0.025	0.05	0.00003
4	0.50	0.015	0.03	0.00002
5	6.00	0.60	0.12	0.0001
6	3.00	0.30	0.09	0.00009
7	0.50	0.012	0.07	0.00003
8	0.20	0.006	0.05	0.00002

第五节　海（咸）水入侵预报

海（咸）水入侵预报设置了两个方案，一是保持目前地下水开采和卤水开采状态，预测未来 5 年、10 年、15 年咸淡水界面运移情况；二是在方案一的基础上，地下水保持目前开采状态，卤水在开采 5 年后停止开采，在预测未来 10 年、15 年海（咸）水入侵情况。

预报过程中，保持研究区水文地质参数不变；海平面仍按图 4-8 的变化，按月平均加载到模型中；大气降水量按照 2001～2015 年的实际降水系列加载到模型中。

在上述条件下，利用验证后的模型进行海（咸）水入侵预测。预测方案一和方案二的前 5 年是相同的，均是保持目前地下水资源和卤水资源的开采量，预测结果见图 4-15，图中地下水位单位为 m，矿化度单位为 mg/L。

从图 4-15（a）和图 4-15（b）可以看出，保持目前地下水开采和卤水资源的开发速度，卤水区水位降速大于地下水资源开采区的水位降速，海（咸）水入侵锋线在逐渐退缩。

预测方案一：5 年后仍保持目前地下水和卤水资源的开发速度，预测 10 年和15 年地下水流场和矿化度的变化。预测结果见图 4-16 和图 4-17。

从图 4-16 和图 4-17 可以看出，继续保持目前地下水开采和卤水资源的开发速度，卤水区水位降速仍大于地下水资源开采区的水位降速，海（咸）水入侵锋线在不断退缩，且卤水区地下水矿化度在大幅度降低。

预测方案二：5 年后仍保持目前地下水开采，停止卤水资源的开发，预测

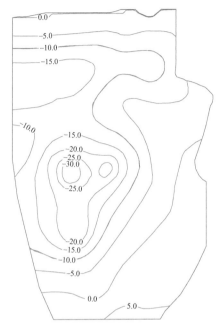

图 4-15（a） 预测地下水位等值
线图（5 年，单位：m）

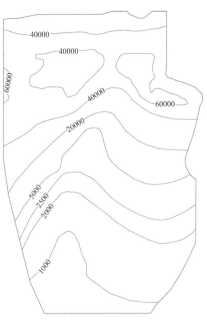

图 4-15（b） 预测地下水矿化度等值线
图（5 年，单位：mg/L）

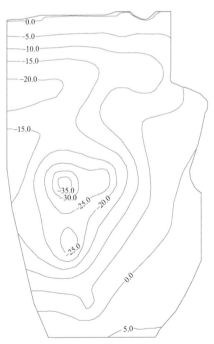

图 4-16（a） 方案一情景下预测地
下水位等值线图（10 年，单位：m）

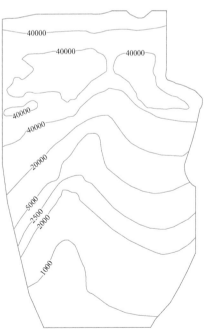

图 4-16（b） 方案一情景下预测地下水
矿化度等值线图（10 年，单位：mg/L）

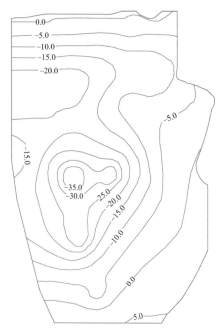

图 4-17（a） 方案一情景下预测地
下水位等值线图（15 年，单位：m）

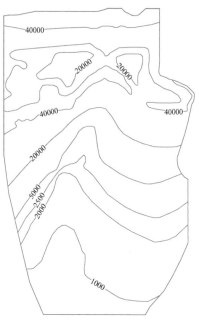

图 4-17（b） 方案一情景下预测地下水
矿化度等值线图（15 年，单位：mg/L）

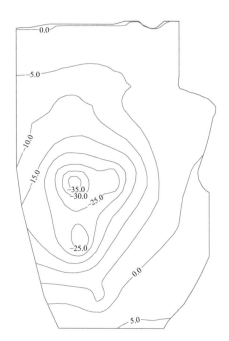

图 4-18（a） 方案二情景下预测地
下水位等值线图（10 年，单位：m）

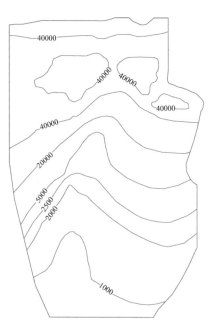

图 4-18（b） 方案二情景下预测地下水
矿化度等值线图（10 年，单位：mg/L）

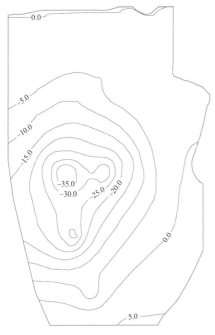

图 4-19（a）　方案二情景下预测地
下水位等值线图（15 年，单位：m）

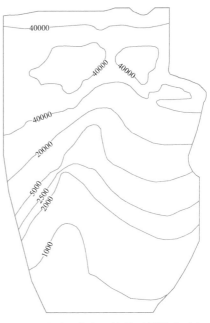

图 4-19（b）　方案二情景下预测地下水
矿化度等值线图（15 年，单位：mg/L）

10 年和 15 年地下水流场和矿化度的变化。预测结果见图 4-18 和图 4-19。

　　从图 4-18 和图 4-19 可以看出，继续保持目前地下水开采速度，停止卤水资源的开发，卤水区地下水位在逐渐恢复，由于补给水源矿化度相对较低，卤水区地下水矿化度也在变小，由于卤水区矿化度太大，使其变化不太明显；地下水资源开采区水位在不断下降。海（咸）水入侵锋线与前 5 年基本一致，主要原因是海（咸）水入侵锋线处于地下水降落漏斗中心处，南部低于锋线值和北部高于锋线值均向漏斗区汇聚，使得海（咸）水入侵锋线处于相对稳定状态。

第五章 莱州湾南岸土壤盐渍化时空分布及影响因素

第一节 土壤野外采样及分析测试

一、野外采样工作

在莱州湾南岸布设 111 个表层土壤采样点，于 2016 年 6 月、2016 年 10 月开展野外采样。根据预设采样点周边实际环境进行适当调整，利用 GPS 确定采样点的实际坐标位置，在研究区采集以表层土壤（深 0 ~ 20cm）为主，并且选取 6 个点位进行土壤剖面研究，采集以 20cm 为间隔采集深 0 ~ 200cm 的垂直剖面土样。土壤采样点如图 5-1 所示。

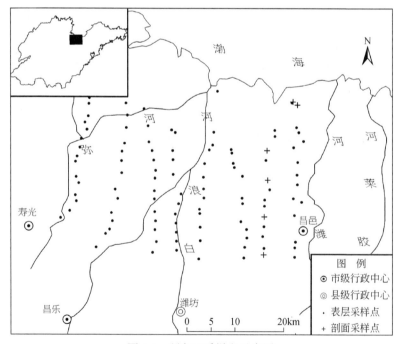

图 5-1 研究区采样点示意图

1. 表层采样

综合考虑研究区的地貌、作物种植等条件进行土壤采样。进行采样时，首先用GPS准确定位，确定采样点位置及所处土地的作物类型。在每个采样点首先清除表面杂物，在采样点附近1m见方范围内采集同种土样2处，现场充分混合为一件土样，每件土样采集量为0.5kg。

2. 剖面采样

土壤垂直剖面采样：选取6处从陆到海大体垂直于海岸线的点位，进行土壤垂直剖面采样。样品从土壤表层至200cm深度，开挖一土壤垂直剖面，按每层20cm进行层位划分，并逐层采取土壤样品，以形成垂直剖面上的土样序列。共计采集土壤样品6件，其中采集6个点的土壤剖面，采集剖面土壤样品6件（图5-2、图5-3）。

图 5-2　剖面土壤取样

图 5-3　表层土壤取样

表层及剖面土壤样品采集后装入聚乙烯塑料袋内，系紧袋口，并当时标注清楚样品编号，记录清楚采样点的位置、地理坐标与环境的描述等（付腾飞，2015；高吉喜，2001）。

二、样品分析测试与质量评述

各类样品完成的测试分析项目如下。

1. 土壤样品分析项目

样品元素分析：K^+、Na^+、Ca^{2+}、Mg^{2+}、Cl^-、SO_4^{2-}、HCO_3^-、CO_3^{2-}、全盐量、有机质、全N、干容重、含水率、pH、电导率、阳离子交换量。

2. 分析测试方法

土壤样品的分析测试均依据《土工试验方法标准》（GB/T50123-1999）。承担样品测试工作的山东省第四地质矿产勘查院测试中心为国家质量认定的具备化验测试工作资质的专门单位，最终测试工作结果均出具正式的测试报告。综上，本次测试项目均依据国家相关标准要求的测试方法和要求进行，符合国家标准要求。

第二节　莱州湾南岸土壤盐渍主要特征

一、土壤盐渍化总体特征分析

莱州湾南岸盐渍土由于其地理位置的特殊性，其形成过程不同于内陆盐渍土，一般来说滨海盐渍土的积盐过程要早于成土过程，入海的河流携带的大量泥沙在滨海区域淤积，构成滨海盐渍土的土体母质，此时母质泥沙在海水的淹没之下，形成盐渍淤泥，这时称之为水下堆积盐渍（付腾飞，2015；高茂生和骆永明，2016；高美霞等，2009）。当泥沙大量堆积形成陆地脱离海水之后，依旧受到海水时常的淹没和浸渍，在蒸发作用下，盐分不断积聚，此时称之为滨海盐渍土的地质积盐过程（管延波，2009；郭占荣和黄奕普，2003；韩美，1996）。但是当盐渍淤泥脱离海水成陆之后，由于自然降水和人类改造，滨海盐渍土就形成不断积盐－脱盐的季节性的变化规律。

一般来说在一个自然年内的土壤水盐运移动态可以分为 5 个时期，包括：春季强烈蒸发－积盐期、初夏稳定期、雨季脱盐期、秋季蒸发－积盐期和冬季稳定期，时间上一般一年中积盐 6 个月、脱盐 2 个月、稳定 4 个月。但是土壤盐分的运移受到很多因素的影响（白由路等，1999），因此各个地区的水盐运移规律不尽相同，为了更好的研究盐渍土的特征，对莱州湾南岸盐渍土在年际、季节时间尺度上以及层位空间尺度上的变异进行了研究（王红等，2006）。

我们将莱州湾南岸 2016 年 6 月和 10 月采样表层土壤的盐分离子数据经 SPSS 软件描述性分析统计见表 5-1，描述性统计包括范围、均值、标准差、变异系数、峰度和偏度，能够很好地反映土壤盐分离子的含量特征。

从表 5-1 可以看出 2016 年和 6 月和 10 月极大值中最大值的离子是 Cl^-，极小值中最小值的离子为 K^+，这是由于滨海盐渍土离海较近，且地下水埋深较浅，因此其盐渍土受海水浸渍和地下水影响较大。2016 年 6 月离子的排序为 $Cl^- > Na^+ >$

$HCO_3^- > SO_4^{2-} > Ca^{2+} > Mg^{2+} > K^+$，主要以 Cl^- 和 Na^+ 为主，2016 年 10 月离子的排列顺序均为 $Cl^- > HCO_3^- > SO_4^{2-} > Na^+ > Ca^{2+} > Mg^{2+} > K^+$，主要以 Cl^- 和 HCO_3^- 为主，土体中的 Cl^- 的浓度远远高于其他盐分离子。从均值来说，除 Ca^{2+} 有所增加，2016 年 10 月各离子均值及全盐量较 6 月都有所减少，这主要是由于莱州湾地区地下水埋深较深，经过雨季淋洗后盐分离子均下移，虽然秋季的强烈蒸发使得离子重新向上迁移，但未能达到土壤表层。而 Ca^{2+}、K^+ 的含量的升高则可能与农业耕作施肥有关。2016 年 6 月和 10 的离子排序发生了改变，说明这两个月影响莱州湾土壤盐渍化的影响因素产生了变化（陈广泉等，2012）。取样时间为 10 月份，加之取样时间为秋季，经过雨季淋洗，表层的盐分尤其以易溶于水的 Cl^- 和 Na^+ 为主被淋洗至下层，表层土壤离子含量下降，因此其盐渍土的离子成分也在发生改变。变异系数为标准差与均值的比值，可对不同量纲的指标进行比较；6 月份与 10 月份 HCO_3^- 的变异系数较小，属于弱变异，其他离子则属于强变异。Cl^- 和 Na^+ 的变异系数较高，说明这两种离子的分布较不均匀。

表 5-1 莱州湾南岸不同月份表层盐分离子统计特征参数 单位：mg/kg

离子	月份	极小值	极大值	均值	标准差	变异系数 /%	峰度	偏度
K^+	6	2.7	479.95	30.8	68.29	221.7	26.78	5.03
	10	2.36	305.2	26.52	33.96	128.1	41.52	5.52
Na^+	6	17.46	12274.62	360.07	1306.6	362.9	66.19	7.76
	10	17.58	6504.68	177.62	621.52	349.9	100.06	9.79
Ca^{2+}	6	22.09	2053.12	117.37	220.06	187.5	57.05	7.03
	10	23.25	775.95	122.31	126.07	103.1	13.78	3.41
Mg^{2+}	6	4.59	1068.86	38.82	134.64	346.8	47.82	6.84
	10	5.46	981.76	35.54	95.32	268.2	90.28	9.14
Cl^-	6	7.31	22753.65	483.01	2412.5	499.5	68.98	7.95
	10	23.22	13385.08	278.97	1275.3	457.1	104.02	10.06
SO_4^{2-}	6	11.6	5747.17	237.81	678.02	285.1	43.12	6.15
	10	17.26	3671.04	197	438.51	222.6	41.56	6.05
HCO_3^-	6	138.37	657.25	309.91	94.22	30.4	1.38	1.01
	10	65.47	458.32	241.62	61.07	25.3	2.9	1.13
TS	6	0.04	4.02	0.174	0.44	252.9	57.51	7.13
	10	0.10	2.16	0.173	0.20	115.6	89.32	9.05

注：TS 为全盐量。

二、土壤盐渍化程度评价

本区土壤盐渍化是在气候、地形、水文地质等自然因素综合影响下形成的。区内土壤盐渍化严重（陈广泉等，2012），盐渍土分布广泛，是农业发展的一大障碍。为进一步改善当地农业生态环境，多方面采取措施加以治理并防止扩大，主要采取的措施为稻改、控渠台田、井灌井排、增施有机肥等措施来降低浅层地下水水位，改善土壤结构，通过这些措施，该地区土壤盐渍化得到了很好的抑制（刘衍君等，2012）。但由于缺乏改良利用盐碱地的综合规划和措施，特别是盐田的大量开发，又使部分土地不断发生次生盐渍化。

土壤盐渍化又称盐碱化，是土壤中含有过多的可溶性盐（主要阳离子有：钠、钾、钙、镁，阴离子有：氯、硫酸根、碳酸根、碳酸氢根离子）引起的（刘庆生等，2004）。根据可溶性盐中阴离子的不同，盐渍化进一步分为盐土和碱土。据本次可溶性盐资料分析，调查区内土壤盐渍化为盐土盐渍化，即可溶性盐为中性盐。一般采用全国第二次土壤普查土壤盐化分级标准进行判定（表5-2）。

表 5-2　土壤盐化分级标准　　　　　　　　　　　单位：%

	非盐化	轻度	中度	重度	盐土
全盐量	＜0.1	0.1～0.2	0.2～0.4	0.4～0.6	＞0.6

2016年6月莱州湾南岸的表层全盐量为0.174%，2016年10月为0.173%，根据国家土壤盐化分级标准，2016年6月和10月莱州湾南岸均属于轻度盐渍土，但土壤盐渍化的程度略有下降。如图5-4所示，从土壤盐渍化程度的空间分布上来看，在2016年6月份，西南部大片区域属于非盐土，轻度及中度盐渍土主要分布在东部及东北部沿海地区，重度盐渍土及盐土分布在东北部沿海地区，并且呈现集中分布。2016年10月份，从图5-5可以看出，轻度盐渍土分布面积更广，盐土分布区域向东部偏移，面积减少，分布区域更加集中。

三、土壤盐渍化离子多元统计分析

1. 主成分分析

相关分析、主成分分析和聚类分析可以简化数据，用综合指标代替一类相关性较高的数据，从而反映数据之间的关联；虽然这些方法没有本质差异，但是这些方

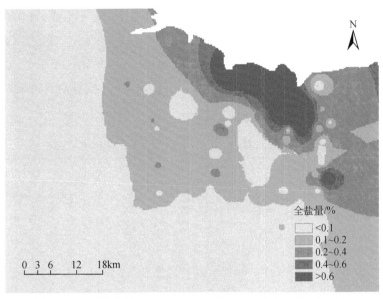

图 5-4 莱州湾南岸 2016 年 6 月份表层土壤盐分离子空间分布

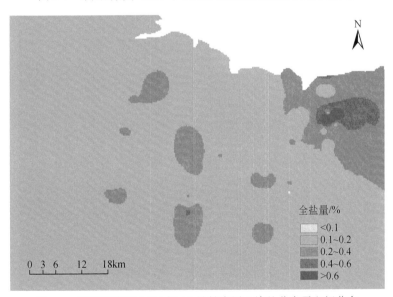

图 5-5 莱州湾南岸 2016 年 10 月份表层土壤盐分离子空间分布

法的结果能够互相验证（李彬等，2014；2006）。本书主要利用 SPSS 对莱州湾南岸的盐分离子进行描述性统计和相关性分析。对盐分离子进行相关分析，可以看出 6 月份盐分离子 Cl^- 和 Na^+、Cl^-、Mg^{2+} 和 SO_4^{2-} 和 Ca^{2+} 之间的相关系数分别为 0.994、0.906、0.927（表 5-3），都通过了 0.01 显著性水平的检验，说明 Cl^-、Na^+、Mg^{2+} 之间，SO_4^{2-}、Ca^{2+} 之间存在较强的相关性，而其他的盐分离子之间的相关性相对较弱。根据盐分离子对总方差的累计解释，前两个方差均大于 1，累计解释了总方差的 82.618%，所以取前两个作为主成分（表 5-3），并且第一主成分的方差为 4.356，第二主成分的方差为 1.427。通过主成分分析，我们发现 K^+、Na^+、Ca^{2+}、Mg^{2+}、Cl^- 和 SO_4^{2-} 在第一主成分上有较大载荷，分别为 0.932、0.865、0.677、0.906、0.862 和 0.847，所以归为第一主成分，HCO_3^- 在第二主成分上的载荷为 0.426，归为第二主成分。

表 5-3　2016 年 6 月莱州湾南岸土壤盐分离子相关系数矩阵

	K^+	Na^+	Ca^{2+}	Mg^{2+}	Cl^-	SO_4^{2-}	HCO_3^-
K^+	1.000						
Na^+	0.677**	1.000					
Ca^{2+}	0.755**	0.262**	1.000				
Mg^{2+}	0.793**	0.881**	0.383**	1.000			
Cl^-	0.674**	0.994**	0.244**	0.906**	1.000		
SO_4^{2-}	0.864**	0.520**	0.927**	0.590**	0.492**	1.000	
HCO_3^-	0.033	0.001	0.066*	-0.104**	-0.063*	0.137**	1.000

** 相关系数在 0.01 水平上显著，* 相关系数在 0.05 水平上显著。

对 10 月份离子进行相关分析，Cl^- 和 Na^+，Na^+ 和 Mg^{2+}，Cl^- 和 Mg^{2+}，Cl^- 和 HCO_3^- 之间具有较强的相关性（表 5-4），并且提取出两个主成分，两个主成分的方差分别为 4.953 和 1.107，累计解释了总方差的 86.578%（表 5-5），K^+、Na^+、Ca^{2+}、Mg^{2+}、Cl^- 和 SO_4^{2-} 在第一主成分上有较大的载荷，分别为 0.863、0.93、0.761、0.985、0.953 和 0.915，HCO_3^- 在第二主成分上依然有较大载荷，为 0.92。

表 5-4　2016 年 10 月莱州湾南岸土壤盐分离子相关系数矩阵

	K^+	Na^+	Ca^{2+}	Mg^{2+}	Cl^-	SO_4^{2-}	HCO_3^-
K^+	1.000						
Na^+	0.760**	1.000					
Ca^{2+}	0.591**	0.510**	1.000				
Mg^{2+}	0.821**	0.957**	0.696**	1.000			
Cl^-	0.798**	0.991**	0.564**	0.980**	1.000		
SO_4^{2-}	0.690**	0.810**	0.789*	0.871**	0.813**	1.000	
HCO_3^-	-0.234**	-0.0033	-0.349**	-0.155**	-0.091*	-0.157**	1.000

** 相关系数在 0.01 水平上显著，* 相关系数在 0.05 水平上显著。

表 5-5 莱州湾南岸土壤盐分离子主成分分析结果

	6 月		10 月	
	PC1	PC2	PC1	PC2
K^+	0.932	0.201	0.863	-0.038
Na^+	0.865	-0.427	0.93	0.268
Ca^{2+}	0.677	0.673	0.761	-0.371
Mg^{2+}	0.906	-0.323	0.985	0.092
Cl^-	0.862	-0.471	0.953	0.202
SO_4^{2-}	0.847	0.494	0.915	-0.014
HCO_3^-	0.013	0.426	-0.223	0.92
特征值	4.356	1.427	4.953	1.107
方差百分比	62.231%	20.387%	70.761%	15.817%

将载荷表中的数据转换成坐标图，可以把变量在两个主成分中的分布情况更直观地表现出来，6 月份和 10 月份 HCO_3^- 代表一个相对独立的方向。6 月份 K^+、Ca^{2+}、SO_4^{2-} 之间，Na^+、Mg^{2+}、Cl^- 之间分别具有较高的相关性，而 10 月份除 HCO_3^- 之外，Na^+、Mg^{2+}、Cl^- 之间、K^+、SO_4^{2-} 之间具有较强相关性，但这些离子之间的相关关系没有 6 月份明显，相关关系较 6 月份来说更低。

通过对 6 月份和 10 月份土壤盐分离子进行主成分分析，结合聚类分析的结果，发现两期数据的第一主成分包含的离子都是相同的，分别为 K^+、Na^+、Ca^{2+}、Mg^{2+}、Cl^- 和 SO_4^{2-}，同时这些元素的相关性也较强，第二主成分都为 HCO_3^-。这说明第一主成分主要反映了 NaCl 盐的来源，同时也反映了 $CaCl_2$、$MgCl_2$、$MgSO_4$ 以及 $CaSO_4$ 的来源，第二主成分主要为 HCO_3^-，HCO_3^- 不仅是盐分离子的组成部分，还反映了土壤的总碱度，因此第二主成分主要反映的土壤的碱化特征。

2. 各离子对全盐量的贡献

为了分析莱州湾南岸土壤中各离子对全盐量的关系，我们用加权回归法对各离子及全盐量进行分析，诠释要素的贡献程度，通过贡献程度的不同进行排序。结果见表 5-6。在显著性水平上，Na^+、Mg^{2+}、Cl^-、SO_4^{2-} 都通过了 0.01 水平的检验，K^+、Ca^{2+} 通过了 0.05 水平的检验。

通过分析发现，6 月份 SO_4^{2-}、Cl^-、Na^+ 离子对全盐量的贡献度较大，其余离子贡献度较小；10 月份 Mg^{2+}、SO_4^{2-}、Cl^- 对全盐量的权重最大，其他离子较小。总的来看 Na^+、Cl^-、Mg^{2+}、SO_4^{2-} 是研究区总盐分的主要组成部分。

表 5-6　土壤盐分离子权重

盐分离子	月份	权重	显著性
K^+	6	0.228	0.016
	10	0.184	0.043
Na^+	6	0.575	0
	10	0.536	0
Ca^{2+}	6	0.165	0.043
	10	0.121	0.025
Mg^{2+}	6	0.463	0
	10	0.798	0
Cl^-	6	0.578	0
	10	0.755	0
SO_4^{2-}	6	0.807	0
	10	0.788	0
HCO_3^-	6	0.072	0.045
	10	-0.056	0.56

第三节　莱州湾南岸土壤盐渍化时空变化特征

一、莱州湾南岸土壤盐渍化时间变化特征

土壤盐分含量在不同时间段呈现出的差异较明显（李明辉等，2004；李胜男等，2008）。春季土壤开始解冻，冰雪融水渐渐与土壤融合，盐分含量逐渐升高，土壤进入返盐阶段，尤其是春末，盐分含量直逼最大值；夏季随着蒸发量的增大，作物需水量也在不断增加，农业灌溉将土壤盐分带至表层，使盐分升高；秋季太阳辐射慢慢减弱，盐分含量降低，但随着部分作物的秋灌，盐分的变化率较小；冬季河流、地下水等处于冻结状态，盐分移动失去了依附的主体，导致这一时期盐分含量趋于平稳（王飞等，2010）。

由于表层土壤直接受到自然和人为等各方面因素的影响，所以表层土壤随时间产生的变化最大，并且有很大波动。

随着剖面深度的增加，土壤含盐量在不断减小。深度越深，受到来自外界的影响也就越小，如灌溉、融水等，地表以下土壤各项因素也都基本稳定，因此，土壤

剖面越深，含盐量也就越小。

对于莱州湾南岸的盐分离子季节性变化分析，我们采用的样品是 2016 年 6 月和 10 月采取的表层土样。从前文表 5-1 我们可以看出，从夏秋季节其离子含量的改变来看，除 Ca^{2+} 的含量 10 月份比 6 月份高以外，其余离子含量却降低了。这主要是由于莱州湾地区地下水埋深较深，经过雨季淋洗后盐分离子均下移，虽然秋季的强烈蒸发使得离子重新向上迁移，但未能达到土壤表层。而 Ca^{2+} 的含量的升高则可能与农业耕作施肥有关。土壤盐分在 10 月份比 6 月份略有下降，而且盐分的变化范围更小，6 月份土壤全盐量的范围为 0.04 ~ 4.02，10 月份为 0.10 ~ 2.16，6 月份和 10 月份土壤盐分的变异系数分别为 2.5、1.16，而且所有的土壤盐分离子的变异系数都呈下降趋势，离子间的变化更小，土壤盐渍化的程度更加均匀，土壤盐分的波动更加平缓，这可能与 6 月份各土壤盐分离子的流动性较大有关。

二、土壤盐渍化空间分布特征

1. 土壤含盐量的正态分布性检验

通常在使用空间统计学 - 克里格方法进行土壤盐分统计分析前，首先要对进行分析的数据进行正态分布性检验，而且只有当数据服从正态分布时候，这种统计分析方法才会有效，一般检验数据正态分布的方法很多，例如频率分布直方图、P-P 图、Q-Q 图、K-S 检验法等。本书使用 SPSS17.0 软件中的 P-P 正态概率图对 2016 年 6 月、10 月 2 期的土壤数据进行处理后，检验正态分布，它是根据变量分布积累比和正态分布累积比生成的图形，如果数据是正态分布的话，则被检验数据近似成一直线。关于表层土层的土壤盐分离子含量正态分布性检验如图 5-6 所示，土壤盐度数据通过对数变换后的检验分析，得出的数据近似符合正态分布。

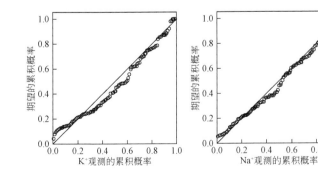
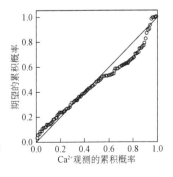

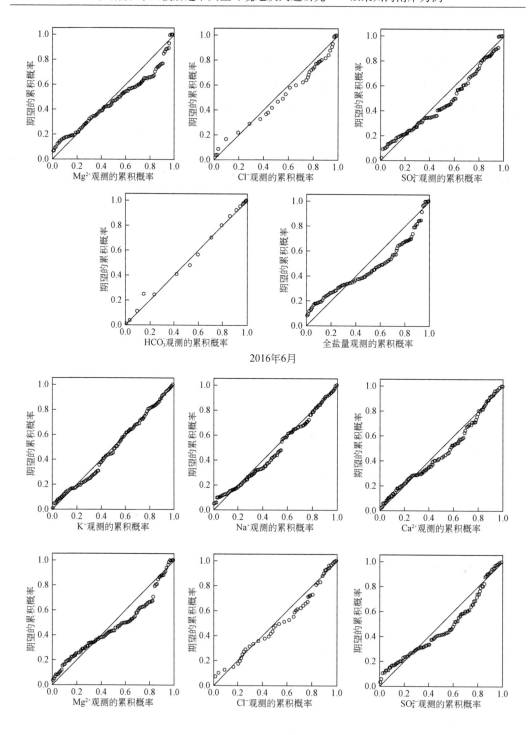

2016年6月

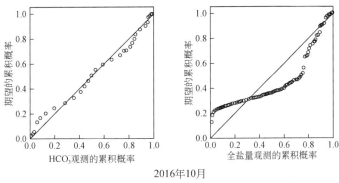

2016年10月

图 5-6　表层土壤盐分离子含量的正态分布性检验

2. 土壤含盐量的变异特征分析

由图 5-7 可以看出，莱州湾南岸 2016 年 6 月、10 月两期的表层土盐分离子数据经过对数转换更符合正态分布，根据图 5-7 中盐分离子数据转换过得到半方差参数，在 GS+ 软件中拟合出相应的最优模型：球状模型、指数模型、高斯模型、线性模型，见表 5-7、表 5-8。结果发现，各层土壤盐分含量的理论模型与指数模型的特征比较相符，6 月份的土壤含盐量块金值为 0.030600，10 月份的为 0.003560，块基比 $C_0/(C+C_0)$ 的值分别为 0.720、0.887、表现为中等强度相关，这是由于参与分析选取的土壤表层多为田地，虽然受到气候、土壤质地、地形等因素的影响，但是表层盐分显著受到人类收割播种的影响，因此盐分空间分布表现为较高的结构性，10 月份的块基比较高，这样由于雨季过后人类对土壤进行重新耕种，导致块基比升高。而表层其他土壤盐分离子的半方差模型及一些拟合参数见第四章表 4-1，由残差和决定系数可以看出，不同季节的变异模型拟合都具有较高的精度。3 个月份的全盐量都呈现强烈的空间相关性，由残差（R^2）和决定系数（RSS）可以看出，不同季节的变异模型拟合都具有较高的精度。

表 5-7　莱州湾南岸不同季节表层土壤离子变异函数理论模型参数（2016 年 6 月）

离子	理论模型	块金值 / C_0	基台值 / C_0+C	$C_0/(C_0+C)$	变程 A/m	RSS	R^2
K^+	S	0.087500	0.235000	0.628	0.4610	0.0135	0.755
Na^+	E	0.035400	0.280800	0.874	0.1500	0.0219	0.701
Ca^{2+}	E	0.010600	0.094200	0.887	0.0690	0.0044	0.351
Mg^{2+}	S	0.065100	0.165200	0.606	0.3380	0.0122	0.623
Cl^-	E	0.097900	0.301800	0.676	0.2070	0.0247	0.638
SO_4^{2-}	S	0.096200	0.204400	0.529	0.1900	0.0177	0.507
HCO_3^-	G	0.008360	0.016820	0.503	0.1126	0.0002	0.334
全盐量	E	0.030600	0.109200	0.720	0.2280	0.0056	0.536

表 5-8　莱州湾南岸不同季节表层土壤离子变异函数理论模型参数（2016 年 10 月）

离子	理论模型	块金值 / C_0	基台值 / C_0+C	$C_0/(C_0+C)$	变程 A / m	RSS	R^2
K^+	G	0.017500	0.123000	0.858	0.0242	0.00549	0.183
Na^+	E	0.059000	0.180000	0.672	0.1440	0.0134	0.440
Ca^{2+}	S	0.006600	0.094200	0.930	0.0390	0.00424	0.291
Mg^{2+}	E	0.023500	0.114000	0.794	0.0450	0.00926	0.137
Cl^-	L	0.161717	0.236063	0.315	0.4090	0.0156	0.434
SO_4^-	S	0.014300	0.168600	0.915	0.0500	0.0150	0.330
HCO_3^-	E	0.001960	0.012520	0.843	0.0390	0.00018	0.082
全盐量	E	0.003560	0.031520	0.887	0.0210	0.00127	0.007

3. 土壤盐分离子空间分布特征的时间变化

莱州湾南岸典型区域表层土壤不同季节的盐分离子插值如图 5-7 所示，可以看出在季节变化的同时，盐分离子的基本分布规律是从西北部沿海区域向南部逐渐降低，中部区域由于地势相对低洼和海（咸）水倒灌导致地表含盐量较高。从盐分离子看，除阴离子 HCO_3^- 代表碱性含量最高外，在 2016 年 6 月、10 月中 Cl^- 和 Na^+ 2 种盐分离子的含量都是最高的。在临近冬小麦收获的 6 月份，研究区内盐分离子受人为因素影响较小，故从东北到西南逐渐增长的规律较为明显；而在 10 月份，出现一些盐分离子异常偏高的区域，这是受玉米收获耕种、农田灌溉的影响，但是研究区内盐分整体是呈下降趋势，这是因为雨季结束，降水将表层盐分淋溶至下层。

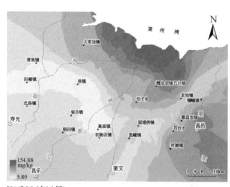

K^+(2016年6月)

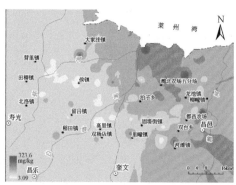

K^+(2016年10月)

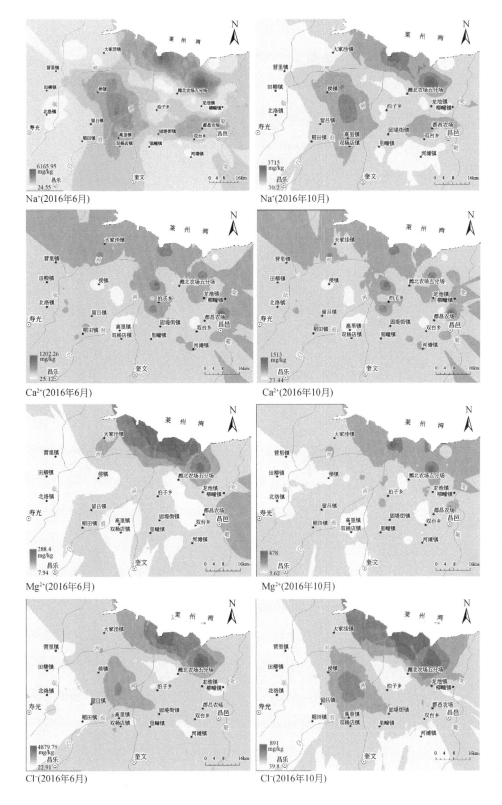

Na+(2016年6月)　　　　Na+(2016年10月)

Ca2+(2016年6月)　　　　Ca2+(2016年10月)

Mg2+(2016年6月)　　　　Mg2+(2016年10月)

Cl-(2016年6月)　　　　Cl-(2016年10月)

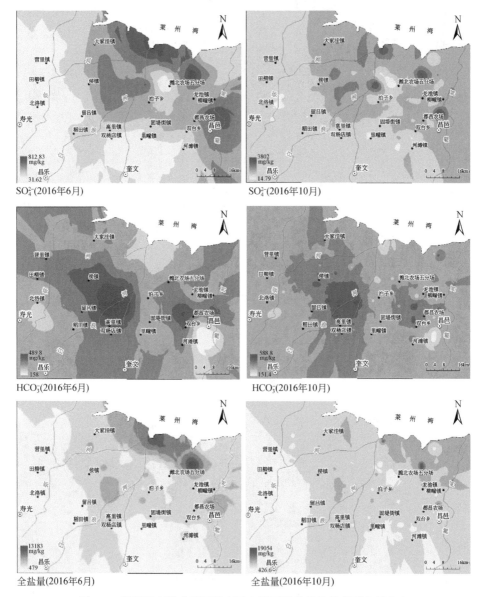

图5-7　莱州湾南岸典型区域表层土壤不同季节盐分离子空间分布

第四节　土壤盐渍化剖面特征分析

　　土壤盐分的垂直分异不仅受到地域上不同土地类型、地形、地貌、人居环境等因素的影响（白由路等，1999；连胜利等，2014），同时还受到垂直方向上地下水埋深、土层结构、土壤理化性质、人为耕作方式等因素的限制，研究土壤盐分垂直分异有利于理清盐分运移方式及对盐渍化治理提供帮助。

　　莱州湾南岸不同层位盐分离子的统计是基于2016年6月份采样结果进行统计的。为研究土壤盐渍化剖面特征，选取个别具有代表性的样点作为代表点进行分析，并确保其能够真实、完整地反映研究区土壤盐分分布的现状，选择从陆到海延伸的6个样点D25、D27、D29、D109、D110、D111进行研究（图5-8）。

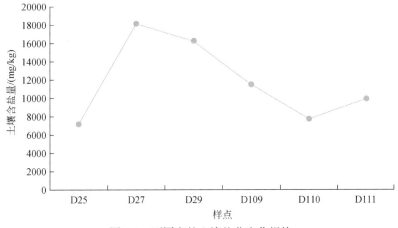

图5-8　不同点的土壤盐分变化规律

　　从各样点的土壤全盐量来看，D25的土壤含盐量最低，D27的土壤含盐量最高，并且向海呈逐渐降低的趋势，如图5-8所示。从各层土壤来看（图5-9），其土壤盐分含量（图5-10）基本呈现由表层到底层先增加后降低的趋势，主要是雨水淋洗

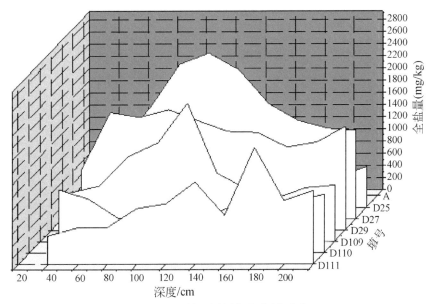

图5-9　土壤不同层位盐分剖面图

所致。在土壤表层（深 0 ～ 20cm）处，盐分含量变率最小；此后逐渐增加，尤其在深 80 ～ 100cm 处，土壤的盐分含量变率最大，最大值达 2712mg/kg，最小值仅 645mg/kg；随后土壤盐分含量整体呈下降趋势，在深 180 ～ 200cm 处，盐分含量最大值为 1692mg/kg，最小值为 666mg/kg，盐分含量变率也下降。

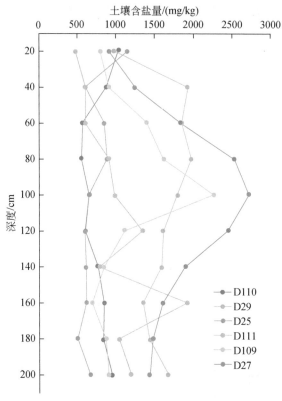

图 5-10　土壤盐分含量垂直分布图

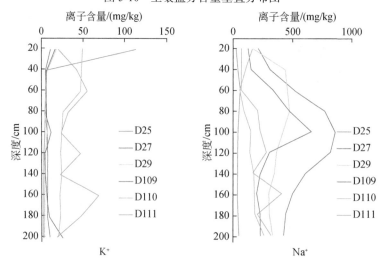

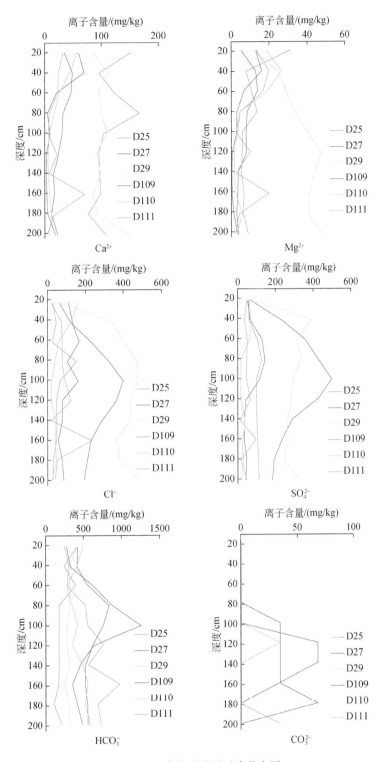

图 5-11　盐分离子含量垂直分布图

通过对不同离子在垂直方向上的含量变化分析（图 5-11、表 5-9），可以看出 Na^+、Cl^-、SO_4^{2-}、HCO_3^-、CO_3^{2-} 随土层深度的含量变化最为显著，且都呈现在土壤中层的变化最大，表层和底层的变化较小，与全盐量随土层深度变化的趋势一致，而 K^-、Ca^{2+} 的含量则是表层和底层的离子含量变化大于中层。

表 5-9　莱州湾南岸不同层位盐分离子统计特征参数

	层位 /cm	极小值	极大值	均值	标准差	变异系数	峰度	偏度
K^+	0～20	11.77	110.66	38.12	34.50	0.91	3.55	1.91
	20～40	5.97	46.70	19.64	17.86	0.91	-1.78	0.98
	40～60	5.68	54.37	21.07	21.14	1.00	-1.63	1.01
	60～80	4.91	32.73	13.99	11.22	0.80	-1.21	1.05
	80～100	5.03	25.47	13.82	8.31	0.60	-1.94	0.70
	100～120	3.77	45.85	15.49	15.07	0.97	2.17	1.64
	120～140	4.78	25.25	12.27	8.78	0.72	-1.83	0.94
	140～160	3.63	67.97	19.09	22.77	1.19	4.31	2.07
	160～180	2.96	46.66	15.95	15.30	0.96	2.15	1.58
	180～200	3.64	25.55	14.20	8.51	0.60	-2.16	-0.15
Na^+	0～20	31.29	211.00	130.86	62.15	0.47	-1.12	-0.50
	20～40	43.12	433.14	184.36	140.31	0.76	-0.37	1.01
	40～60	57.61	501.95	246.45	187.31	0.76	-2.67	0.25
	60～80	53.21	753.69	337.73	245.82	0.73	-0.80	0.55
	80～100	45.31	835.54	384.42	279.53	0.73	-1.22	0.56
	100～120	41.22	799.52	318.89	239.13	0.75	2.72	1.40
	120～140	41.69	597.77	257.65	176.12	0.68	1.70	1.19
	140～160	44.37	485.90	266.74	146.28	0.55	-0.78	0.07
	160～180	44.57	433.89	229.17	117.73	0.51	1.19	0.34
	180～200	52.38	412.73	263.85	111.40	0.42	1.68	-0.97
Ca^{2+}	0～20	33.97	153.32	71.83	40.45	0.56	2.41	1.53
	20～40	25.67	113.85	67.61	30.18	0.45	-1.18	0.30
	40～60	22.04	125.32	57.26	39.80	0.70	-0.94	0.98
	60～80	6.52	168.44	56.22	59.38	1.06	0.62	1.32
	80～100	7.98	111.65	46.22	44.88	0.97	-1.90	0.84
	100～120	5.17	96.25	41.62	38.13	0.92	-1.86	0.79
	120～140	4.17	100.50	39.99	42.70	1.07	-1.88	0.94
	140～160	4.54	99.63	48.98	38.85	0.79	-2.79	0.10
	160～180	7.00	93.43	37.34	34.58	0.93	-1.43	1.00
	180～200	5.43	150.67	52.83	55.76	1.06	-0.65	1.12

	层位/cm	极小值	极大值	均值	标准差	变异系数	峰度	偏度
Mg^{2+}	0～20	6.17	31.62	16.21	7.90	0.49	2.13	1.21
	20～40	8.41	27.35	18.72	6.55	0.35	−1.11	−0.24
	40～60	7.21	29.27	16.62	6.91	0.42	1.04	0.75
	60～80	4.09	33.96	11.99	10.40	0.87	3.77	1.93
	80～100	3.38	40.25	11.06	13.17	1.19	5.63	2.35
	100～120	1.18	47.66	12.81	15.94	1.24	5.10	2.21
	120～140	1.00	44.85	10.32	15.53	1.50	5.77	2.39
	140～160	0.97	41.80	13.07	14.40	1.10	1.94	1.57
	160～180	2.07	41.34	10.84	13.74	1.27	5.69	2.37
	180～200	2.76	48.12	12.12	16.25	1.34	5.61	2.36
Cl^-	0～20	29.24	168.14	83.46	48.14	0.58	−0.20	0.81
	20～40	54.83	347.24	147.43	94.18	0.64	4.16	1.89
	40～60	36.55	402.07	166.92	125.47	0.75	0.66	1.10
	60～80	47.52	475.18	201.65	151.91	0.75	−0.14	1.07
	80～100	29.24	475.18	208.35	169.29	0.81	−1.53	0.79
	100～120	29.24	438.62	183.98	158.72	0.86	−1.46	0.88
	120～140	29.24	438.62	157.78	153.68	0.97	−0.05	1.23
	140～160	47.52	365.52	168.75	120.41	0.71	−1.52	0.52
	160～180	36.55	383.80	139.96	124.50	0.89	1.42	1.49
	180～200	29.24	475.18	147.43	157.73	1.07	3.17	1.81
SO_4^{2-}	0～20	51.72	75.50	64.00	8.62	0.13	−1.53	0.18
	20～40	38.29	393.63	146.90	128.16	0.87	0.99	1.43
	40～60	54.20	360.79	171.93	120.52	0.70	−1.58	0.83
	60～80	16.09	432.96	185.73	151.37	0.82	−1.14	0.72
	80～100	19.33	503.63	180.20	168.26	0.93	1.09	1.34
	100～120	18.11	426.14	157.73	147.56	0.94	−0.05	1.16
	120～140	14.78	288.03	124.52	110.54	0.89	−1.89	0.74
	140～160	25.64	262.35	129.05	91.12	0.71	−1.72	0.50
	160～180	20.21	248.72	109.56	86.45	0.79	−1.47	0.69
	180～200	20.67	322.81	123.21	105.25	0.85	0.83	1.22

续表

	层位 /cm	极小值	极大值	均值	标准差	变异系数	峰度	偏度
HCO₃	0～20	242.15	484.29	374.75	85.71	0.23	-1.26	-0.64
	20～40	242.15	415.11	334.39	62.10	0.19	-1.08	0.22
	40～60	276.74	622.66	404.73	136.26	0.34	-1.51	0.78
	60～80	172.96	884.38	510.61	265.44	0.52	-1.82	0.41
	80～100	172.96	1245.32	570.77	356.01	0.62	1.06	1.12
	100～120	172.96	761.03	470.76	215.91	0.46	-2.20	-0.05
	120～140	172.96	553.48	415.11	132.48	0.32	0.16	-1.10
	140～160	172.96	968.58	467.00	262.50	0.56	1.29	1.12
	160～180	103.78	691.84	432.40	188.15	0.44	0.22	-0.60
	180～200	207.55	726.44	478.53	173.44	0.36	-0.81	-0.33
CO_3^{2-}	0～20	0.00	0.00	0.00	0.00			
	20～40	0.00	0.00	0.00	0.00			
	40～60	0.00	0.00	0.00	0.00			
	60～80	0.00	0.00	0.00	0.00			
	80～100	0.00	34.02	5.67	12.68	2.24	6.00	2.45
	100～120	0.00	68.04	22.68	25.36	1.12	-0.30	0.86
	120～140	0.00	68.04	17.01	25.98	1.53	1.43	1.54
	140～160	0.00	34.02	11.34	16.04	1.41	-1.87	0.97
	160～180	0.00	68.04	11.34	25.36	2.24	6.00	2.45
	180～200	0.00	34.02	11.34	16.04	1.41	-1.88	0.97
TS	0～20	469.50	1149.55	892.25	216.80	0.24	1.87	-1.24
	20～40	604.85	1928.78	1031.56	455.95	0.44	1.79	1.39
	40～60	570.26	1849.93	1185.82	536.85	0.45	-2.50	0.16
	60～80	554.23	2531.44	1414.60	690.31	0.49	-1.25	0.47
	80～100	645.35	2711.90	1509.26	800.92	0.53	-2.00	0.35
	100～120	598.96	2441.71	1288.29	634.63	0.49	0.43	0.82
	120～140	608.24	1885.89	1087.56	475.20	0.44	-1.07	0.99
	140～160	619.40	1914.96	1175.37	484.00	0.41	-1.89	0.36
	160～180	504.62	1481.13	1031.21	342.44	0.33	-1.06	0.01
	180～200	666.39	1692.29	1147.18	343.61	0.30	-0.89	0.33

根据对各层位土壤盐分各离子进行描述性分析，Na^+、Cl^-、HCO_3^-、SO_4^{2-} 与全盐量的变化规律基本一致，都呈现中层离子含量高而表层和底层离子含量低的现象，说明这几种离子是对区域影响较大的离子。从这 4 种离子的含量来看，在深 0～60cm、60～140cm、140～200cm 这 3 个层位，离子含量的排序都为 HCO_3^- >

$Na^+ > Cl^- > SO_4^{2-}$，说明从土壤表层到底层的土壤盐渍化类型基本一致。而表示变异强度的变异系数如在 0 ~ 0.2，则为弱变异，中等变异的变异系数在 0.2 ~ 0.5，如果超过 0.5 其变异就属于强变异，从变异系数来看，所有离子都属于中等变异以及强变异。Cl^- 和 Mg^{2+} 的底层变异系数最大，其余离子的中层变异系数高于表层和底层。通过对变异系数的分析，Cl^- 和 Mg^{2+} 在底层变化强度大，而全盐量的变异系数和 Na^+、HCO_3^-、SO_4^{2-}、K^+、Ca^{2+} 基本一致。CO_3^{2-} 仅存在于深 80cm 以下，盐分离子含量和变异系数的变化并不明显。

从各层位离子含量的变化来看，Na^+、Cl^-、HCO_3^-、SO_4^{2-} 的含量随土层的变化较大，在垂直方向上的分布更不均匀，受土层深度的影响较大，这可能受到地下水、土壤或者人为因素的影响，而 K^+、Ca^{2+}、CO_3^{2-} 离子含量的变化较小。

为了分析莱州湾南岸土壤不同土层深度离子间的相关关系，探究土壤盐分离子和全盐量随土层深度的变化关系（江红南等，2008；姜太良等，1991），对莱州湾南岸 6 月份土壤不同层位盐分离子进行相关分析（表 5-10、表 5-11、表 5-12），从表中我们可以看出，在深 0 ~ 60cm 层位，全盐量与 Na^+、SO_4^{2-} 的相关系数较高，深 60 ~ 140cm 层位，全盐量与 Na^+、SO_4^{2-}，以及 Cl^- 与 SO_4^{2-} 的相关系数较高，在深 140 ~ 200cm 层位，全盐量与 Na^+、Cl^- 与 SO_4^{2-} 之间的相关系数较高。Na^+ 与 Cl^- 的相关关系在深 0 ~ 60cm 呈现较高的相关性，相关系数达到 0.858，深 60 ~ 140cm 层位，其相关系数降至 0.679，到深 140 ~ 200cm 层位时，Na^+ 与 Cl^- 的相关系数为 0.581，相关系数呈现逐渐下降的趋势，究其原因可能与其不同层位的水盐运移驱动力不同有关，表层的盐分运移主要受到降雨或者灌溉等外界影响，且秋季蒸发作用强烈，因此易溶于水而跟随运动的 Na^+ 与 Cl^- 的迁移也较为剧烈，从而表现出比较高的相关性，而随着深度的增加，外界的驱动力影响就变得较少，这两个离子迁移的速率降低，因此其相关性减弱，到了土层底部，由于夏季的淋洗作用以致盐分在底部聚集，Na^+ 与 Cl^- 在夏季被雨水带至底部，导致其相关性较高。Ca^{2+}、Mg^{2+} 与 SO_4^{2-} 的相关性最差，这是由于 $CaSO_4$、$MgSO_4$ 的溶解度很低，在土体中存在较为稳定，不会轻易溶于灌溉、大气降水或毛细水，因此其相关性较差。Na^+ 与 Cl^- 易溶于水，迁移能力较强，在雨季过后被降水带至土壤底部，表层含量降低，而 $CaSO_4$、$MgSO_4$ 不易溶于水因而表层含量相对升高。

总体而言，不论层位怎样变化，全盐量与 Na^+、Cl^- 与 SO_4^{2-} 的相关系数一直较高，莱州湾南岸底层 Cl^- 与 SO_4^{2-} 的相关系数要高于表层，说明莱州湾南岸的盐渍化类型在垂直方向上也在发生变化。

表 5-10　莱州湾南岸深 0 ～ 60cm 土壤离子相关系数

	K$^+$	Na$^+$	Ca^{2+}	Mg^{2+}	Cl$^-$	SO$_4^{2-}$	HCO$_3^-$	全盐量
K$^+$	1							
Na$^+$	−0.888**	1						
Ca^{2+}	0.004	−0.003	1					
Mg^{2+}	0.493	−0.168	0.281	1				
Cl$^-$	−0.683	0.858**	0.112	0.283	1			
SO$_4^{2-}$	−0.753*	0.935**	0.255	0.003	0.816*	1		
HCO$_3^-$	−0.513	0.542	−0.116	−0.496	0.243	0.403	1	
全盐量	−0.798*	0.926**	0.359	0.002	0.867**	0.954**	0.493	1

** 相关系数在 0.01 水平上显著，* 相关系数在 0.05 水平上显著。

表 5-11　莱州湾南岸深 60 ～ 140cm 土壤离子相关系数

	K$^+$	Na$^+$	Ca^{2+}	Mg^{2+}	Cl$^-$	SO$_4^{2-}$	HCO$_3^-$	全盐量
K$^+$	1							
Na$^+$	−0.376	1						
Ca^{2+}	−0.573	−0.28	1					
Mg^{2+}	−0.378	0.139	0.631	1				
Cl$^-$	−0.538	0.679	0.382	0.806*	1			
SO$_4^{2-}$	−0.596	0.824*	0.273	0.285	0.892**	1		
HCO$_3^-$	0.126	0.622	−0.822*	−0.462	−0.053	0.08	1	
全盐量	−0.484	0.975**	−0.082	0.326	0.809*	0.900**	0.485	1

** 相关系数在 0.01 水平上显著，* 相关系数在 0.05 水平上显著。

表 5-12　莱州湾南岸深 140 ～ 200cm 土壤离子相关系数

	K$^+$	Na$^+$	Ca^{2+}	Mg^{2+}	Cl$^-$	SO$_4^{2-}$	HCO$_3^-$	全盐量
K$^+$	1							
Na$^+$	0.183	1						
Ca^{2+}	−0.51	−0.327	1					
Mg^{2+}	−0.312	0.145	0.768*	1				
Cl$^-$	−0.343	0.581	0.51	0.862**	1			
SO$_4^{2-}$	−0.595	0.451	0.236	0.344*	0.906**	1		
HCO$_3^-$	0.896**	0.558	−0.688	−0.341	−0.158	−0.394	1	
全盐量	0.196	0.909**	0.031	0.474	0.774*	0.623	0.464	1

** 相关系数在 0.01 水平上显著，* 相关系数在 0.05 水平上显著。

第五节　莱州湾南岸土壤盐渍化与环境因素的关系模拟

一、地理加权回归模型的建立

1. 基本模型

在地学空间分析中，n 组观测数据通常是在 n 个不同地理位置上获取的样本数据，全局空间回归模型就是假定回归参数与样本数据的地理位置无关，或者说在整个空间研究区域内保持稳定一致，那么在 n 个不同地理位置上获取的样本数据，就等同于在同一地理位置上获取的 n 个样本数据，其回归模型与最小二乘法回归模型相同，采用最小二乘估计得到的回归参数户既是该点的最优无偏估计，也是研究区域内所有点上的最优无偏估计。而在实际问题研究中我们经常发现回归参数在不同地理位置上往往表现为不同，也就是说回归参数随地理位置变化，这时如果仍然采用全局空间回归模型，得到的回归参数估计将是回归参数在整个研究区域内的平均值，不能反映回归参数的真实空间特征。为了解决这一问题，国外有些学者提出了空间变参数回归模型，将数据的空间结构嵌入回归模型中，使回归参数变成观测点地理位置的函数。Brunsdon 等（2001），Brunsdon 等（1999）在空间变系数回归模型基础上利用局部光滑思想，提出了地理加权回归模型（Geographically Weighted Regression Model，GWR）。模型的一般形式如下：

$$y_i = \beta_0(u_i, v_i) + \beta_1(u_i, v_i)x_{i1} + \beta_2(u_i, v_i)x_{i2} + \cdots + \beta_p(u_i, v_i)x_{ip} + \varepsilon_{ip}, \; i=1, 2, \cdots, n \quad (5\text{-}1)$$

式中，y_i 与 x_{i1}, x_{i2}, $\cdots$, x_{ip} 为因变量 y 和解释变量 x_1, x_2, x_3, $\cdots$, x_p 在位置 (u_i, v_i) 处的实测值；系数 $\beta_j(u_i, v_i)$ （$j=1, 2, \cdots, p$）是关于空间位置的 p 个未知函数；$\varepsilon_i(i=1, 2, \cdots, n)$ 是均值为 0、方差为 σ 的误差项。模型参数 $\beta_j(u_i, v_i)$（$j=1, 2, \cdots, p$）是位置相关的，通常采用加权最小二乘法进行局部估计，权重一般由观测值的空间（经纬度）坐标决定，在每一个位置 (u_i, v_i) 处的权重是从 (u_i, v_i) 到其他观测位置的距离的函数。

2. 影响因素的选取与数据处理

莱州湾南岸土壤盐渍化主要受到自然和人为因素的影响。自然因素如气候、地下水埋深和水体矿化度、地面高程高差等对盐渍化有较大影响。考虑前人对滨海地区及干旱地区盐渍化影响因素的实践总结，结合莱州湾地区自然和人为因素，我们选取 DEM、地下地下水埋深、地下水矿化度、降水量、土壤有机质含量、气温、地形起伏度、土壤粒度（$r < 0.0039$）、NDVI（植被覆盖指数）、土壤 pH、干容重、含水率共12 个指标来模拟其对莱州湾南岸典型地区盐渍化的影响，由于本书采集的样点中 90%以上来自农田土，土壤类型的差异很小，因此本书在影响因素指标的选取上直接选取成土母质和土壤类型，另外人类活动对农田的影响较强，所以选择了土壤中有机质作为解释盐渍化程度的一个变量。在研究区域环境要素与土壤含盐量的相关关系中，范晓梅等（2010）认为土壤中含水与地下水对土壤含盐量的高低产生较强影响，如表 5-13。

表 5-13 盐渍土含盐量与环境要素关联度分析表（范晓梅等，2010 年）

土壤类型	项目	1	2	3	4	5
表层土	关联因子	DEM	降水量	地下水埋深	地下水矿化度	有机质
	关联度	0.59	0.77	0.744	0.76	0.60

考虑到数据的可获取性及定量化、空间化的要求，采集土样的路线首先要考虑道路的通达性，因此主要在莱州湾南岸地区沿南北向的主要河流和公路两旁进行。室内分析在基于研究区土地利用图、土壤类型图、地质图的基础上，利用 ArcGIS10.1 软件在数字底图上进行采样点的布设；实地采样过程中，根据预设采样点周边实际环境进行适当调整，利用 GPS 确定采样点的实际坐标位置，本书在莱州湾南岸地区共获取 111 个样点数据，样本理化特征经过山东省地矿局第四矿产勘察院的进一步分析测试，最后得到附表 1 数据。

3. 模型建立

地理加权回归模型（GWR）是对普通线性回归模型（OLS）的扩展，将样点数据的地理位置嵌入到回归参数之中，设第 i 个采样点的的坐标为（μ_i，v_i），根据选取的影响因素及其参数设定，即

$$
\begin{aligned}
\ln yzh = {} & \beta_0(\mu_i, v_i) + \sum_{j=1}^{k}\beta_1(\mu_i, v_i)X_{ij}(\text{DEM}) + \sum_{j=1}^{k}\beta_2(\mu_i, v_i)X_{ij}(\text{KHD}) \\
& + \sum_{j=1}^{k}\beta_3(\mu_i, v_i)X_{ij}(\text{JSL}) + \sum_{j=1}^{k}\beta_4(\mu_i, v_i)X_{ij}(\text{YJZ}) \\
& + \sum_{j=1}^{k}\beta_5(\mu_i, v_i)X_{ij}(\text{QW}) + \sum_{j=1}^{k}\beta_6(\mu_i, v_i)X_{ij}(\text{GC}) \\
& + \sum_{j=1}^{k}\beta_7(\mu_i, v_i)X_{ij}(\text{LD}) + \sum_{j=1}^{k}\beta_8(\mu_i, v_i)X_{ij}(\text{NDVI}) \\
& + \sum_{j=1}^{k}\beta_9(\mu_i, v_i)X_{ij}(\text{PH})\sum_{j=1}^{k}\beta_{10}(\mu_i, v_i)X_{ij}(\text{GRZ}) \\
& + \sum_{j=1}^{k}\beta_{11}(\mu_i, v_i)X_{ij}(\text{SW}) + \sum_{j=1}^{k}\beta_{12}(\mu_i, v_i)X_{ij}(\text{HSL}) + \varepsilon_i
\end{aligned}
\tag{5-2}
$$

其中 yzh 为因变量盐渍化的程度值即全盐量，DEM、KHD、JSL、YJZ、QW、GC、LD、NDVI、PH、GRZ、SW、HSL 作为解释变量分别为高程值、地下水矿化度、地下水埋深、降水量、气温、地形起伏度（高差）、土壤粒度、NDVI、土壤酸碱度、容重、土壤有机质含量、土壤含水率，$\beta_k(\mu_i, v_i)$ 是第 i 个样点的第 k 个回归参数；ε_i 是第 i 个样点的随机误差。

回归系数的计算在 ArcGIS 10.1 软件中应用 GWR 工具实现，其中模型带宽的计算应用 AICc 的方法，ArcGIS 10.1 中提供固定带宽和自适应带宽两种模式，前者是查找最佳距离，后者计算的则为最佳邻近点个数，本书通过对比验证，发现固定带宽模型能够获得更高的精度。为避免由于多重共线性而导致 GWR 模型出现设计错误，本书中 DEM 等解释变量均经过标准化处理，最后由 ArcGIS 10.1 中地理加权回归模块实现，模型的拟合度为 0.71，说明 DEM 等自然因素对土壤全盐量是有较强影响的，结果见表 5-14。在进行土壤盐渍化程度全盐量与各个地球环境因素进行 GWR 局部加权回归时（表 5-15），土壤含水率、土壤干容重、土壤有机质、植被覆盖率出现了高相关性，拟合精度高，气温、降水、地下水埋深、地下水矿化度表现出中等相关性，拟合精度较高，DEM、高差、土壤粒度、土壤 pH 表现了一般相关性，拟合精度一般（覃文忠，2007）。

表 5-14　GWR 模型参数估计及检验结果解释英文含义

模型参数	数值
Neighbors	111
ResidualSquares	0.566680
EffectiveNumber	39.896144
Sigma	0.658271
AICc	264.134418
R^2	0.719903
R^2Adjusted	0.566680

表 5-15　全盐量与各解释变量拟合精度结果

序号	解释变量	拟合精度（R^2）
1	DEM	0.076467
2	气温	0.306081
3	高差	0.135796
4	土壤粒度	0.196138
5	NDVI	0.451546
6	土壤 pH	0.070155

序号	解释变量	拟合精度（R^2）
7	土壤干容重	0.484689
8	土壤含水率	0.746622
9	降水	0.355648
10	地下水埋深	0.307150
11	土壤有机质	0.472180
12	地下水矿化度	0.391404

二、土壤盐渍化与环境因素的关系

DEM 与土壤盐渍化水平所综合构建的 GWR 模型的局部回归系数分布如图 5-12（a），可以发现大部分样点表现为负相关，少数样点为正相关，体现出局部特征。从空间上来看，南部远离海洋的内陆区以正相关为主，北部接近海洋地区以负相关为主，从河流注入海洋的流向来看，DEM 高程也是逐步降低的，回归系数的负相关性越强，在东北部由于盐田的存在，存在个别极高的正相关点。

降水量与土壤盐渍化水平所综合构建的 GWR 模型的局部回归系数分布如图 5-12（b），可以看出样点的局部回归系数主要分布在 -1.5 ~ -0.5，雨水对土壤内的全盐量有冲击减弱作用，但由于区域降水变化并不很明显，所以回归系数较集中于上述负相关的区间内。在研究区东部昌邑区表现更为明显，因为在此区域内的盐渍化程度高，减弱效果更加明显，西部降水对其的影响显著性一般，除受到自然降水的影响以外，寿光市的浇灌设施发达，田间水分变化小，也是造成变化不明显的原因。

莱州湾南岸土壤盐渍化受到地下水矿化度的影响较为显著，矿化度与全盐量所构建 GWR 模型之局部回归系数如图 5-12（c），在西部弥河区域局部表现为正值，而在白浪河和潍河区域内局部表现为轻微负相关，弥河区域为重要的国际蔬菜生产基地，农田灌溉业发达，大量未加处理的地下水直接抽至地表，故相关性较强，而在东部白浪河和潍河区域受自然降雨携带盐分进入地下的影响，局部回归系数表现为负相关。从南北空间分布来看，接近海边，负相关性越强，这受到地下水位升高海水倒灌进入沿海区域的影响。

从地下水埋深与全盐量所构建 GWR 模型之局部回归系数分布［图 5-12（d）］可以看出，研究区域内地下水埋深与地表土全盐量呈现负相关关系。李彬等（2006）发现土壤电导率随地下水埋深的增加而减小，变化趋势随地下水埋深的增加而变缓，在地下水矿化度相等时，表层土壤（深 0～20cm）含盐量随地下水埋深增加变化幅度最大，土壤含盐量（深 20～60cm）随地下水埋深增加变化幅度依次减小，说明土壤表层（深 0～20cm）盐分受地下水埋深的影响最大。从空间上来，南部比北部地区负相关的绝对值大，这与研究区域南北方的 DEM 高程有关，这也与前面关于 DEM 值所建立的 GWR 模型结论是相符合的。

谢承陶等（1993）通过监测和试验资料统计分析结果表明，20cm 土壤盐分与有机质含量呈显著指数函数关系。在图 5-12（e）土壤有机质与全盐量所构建 GWR 模型之局部回归系数分布上可以发现，研究区域内样点主要表现为显著正相关关系，东部昌邑区潍河区域有机质在地表含量较低，因此在该区域不能把土壤中有机质作为影响该地区盐渍化的主要指标。从空间上来，东部弥河区域地形地质适宜农业发展，土壤有机质含量高，相关性强，西部地区矿产开发影响到土壤有机质含量，故相关性弱。有机质对地表盐渍化的影响，主要通过对地表水循环改变而实现的。

在地表土壤盐渍化影响因子中，温度的作用较为滞后和隐蔽，其主要通过影响地表土化学物质转换和微生物的活动。在这些特性的影响下，使得土壤盐分也同样具备这些性质（邓宝山等，2008；丁建丽和杨爱霞，2015），虽然地表温度较为稳定，差异不是很大，但研究区面积较大，地表高差较大，受海洋咸水倒灌影响。从图 5-12（f）可以看出，温度决定了化学过程和蒸发物理过程的速度，主要呈现正相关。

地形起伏度即高差，可以在小区域内产生微地貌，对表层土土壤的盐分循环产生作用进而产生盐渍化现象。如图 5-12（g）所示，高差与全盐量西部弥河地区呈现正相关，东部白浪河到潍河地区呈现负相关，研究区内的相关绝对值并不大，整个研究区内除少部分区域（潍北五分场附近）受微地貌影响较大之外，其他地区高差在对表层土盐渍化影响中不起主要作用。

如图 5-12（h）土壤粒度（$r < 0.0039$）与全盐量所构建 GWR 模型之局部回归系数分布所示，研究区土壤全盐量与表层土粒度（$r < 0.0039$）的比率主要呈现轻度负相关，土壤粒度过小，导致通气透水性差，有机质不容易分解，盐分过度集中于地表，故全盐量高，容易加剧盐渍化的程度。

NDVI（Normalized Difference Vegetation Index，归一化差分植被指数，标准差异植被指数），也称为生物量指标变化，可使植被从水和土中分离出来。从图 5-12（i）回归系数分布图可以发现，表层上壤中的全盐量与 NDVI 呈现轻微相关性，只有东北部柳疃镇附近出现了很强的相关性，原因是该地区晒盐场居多，田地内农作物较少，而在其他地区内，样点的采集大部分在农田内进行，在加权回归中，更多体现出的是局部相关性，而不是全局，故总体上体现了轻微的相关性。

土壤 pH 是衡量土壤酸碱度的重要指标，而土壤的酸碱度又会间接对土壤盐分产生影响，而研究区内大部分的盐渍地都是盐化地与碱化地同时存在的，因此可以看出 pH 的大小也会直接影响到土壤含盐量的大小。如图 5-12（j）所示，研究区内全盐量与土壤 pH 存在相关性，西部弥河附近体现出的正相关性要更强一些，这是因为西部地区农业发达，灌溉设施完善，大量地下水矿物质在地表聚集，碱性较强。

土壤干容重是指土壤中去掉水分剩下的岩土的质量，这部分岩土内积存了大量盐分。从图 5-12（k）可以看出，空间上西部地区表现为正相关，白浪河东部表现为负相关，土壤盐分在容重大的区域迁移会受到阻滞作用，这与地方的种植业有关，西部弥河附近地下水抽取到地表，植物的吸收作用较强，表层土壤水分低，干容重相对也高。东部地区主要受到盐田蒸发影响，干容重低但是含盐量高。

作为土壤物理性质的重要组成，土壤含水量对土壤盐分含量具有重要的影响。固体形式的盐分不能在土壤中自行移动，其必须借助于地下水的流动游走于各土层之间，土壤含水量的高低制约着土壤中可溶性盐进入地下水，并随之到达地表的多少。从图 5-12(l)可以发现，整体上可以看出土壤含盐量与含水率表现出负相关关系。从空间上看，潍河区域要比弥河区域负相关性要强一些，这是因为此区域内地下水埋深较浅，盐分主要受到地下水与地表水交换的影响。但自南向北却逐渐向正相关过渡，这是由于海洋咸水倒灌所导致。

GWR 模型建立的是局部回归模型，在每个样本点都是对一组参数的估计。图 5-12（m）所建立的参数模型是包含 5 个自变量的影响因素，局部回归参数的大小表征影响因子与土壤盐渍化的相关程度。在莱州湾南岸典型区域内 DEM、矿化度、土壤有机质含量、地下水埋深、降水 5 项影响因子与土壤盐渍化存在较强联系，负相关强度绝对值在 0.7 左右。从空间变异来看弥河至白浪河区域内回归系数达到中度水平，盐渍化水平受各个因素影响较弱，相对盐渍化水平也低，东部白浪河与潍河区域内回归系数达到较高强度水平，盐渍化水平易波动，受环境因子影响大，故在土地开发时应注意盐碱化保护。

将 DEM 等 12 种地球环境因子与全盐量构建 GWR 模型之局部回归系数分布如图 5-12（n）所示，从相关性的绝对值来看，属于中等程度相关，但从单影响因子来看，属于高等程度相关，这说明地球物理环境之间相互作用是复杂的，研究其发生机理又需要从物理化学角度进行。但从地理学角度来看，DEM 等 12 种地球化学环境因子对研究区的盐渍化的产生、发展和演变起到了决定性的作用，当然在每一个小范围内，受到微地貌的作用，各个控制因子的影响权重不尽相同，在上文局部分析中可以看出。

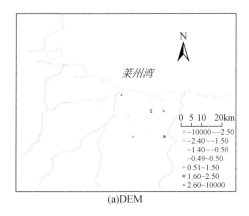

(a)DEM

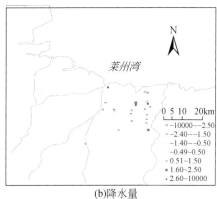

(b)降水量

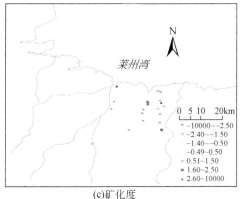

(c)矿化度

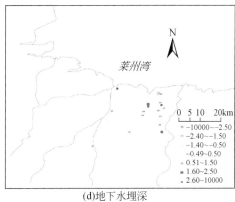

(d)地下水埋深

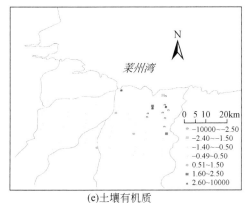

(e)土壤有机质

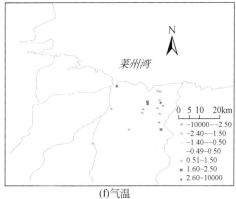

(f)气温

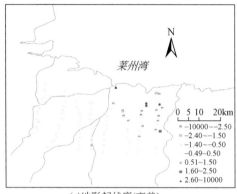

(g)地形起伏度(高差)

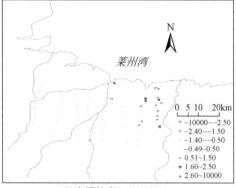

(h)土壤粒度($r<0.0039$)

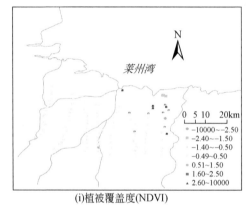

(i)植被覆盖度(NDVI)

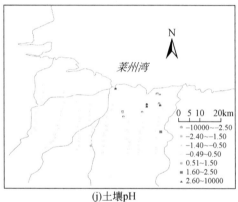

(j)土壤pH

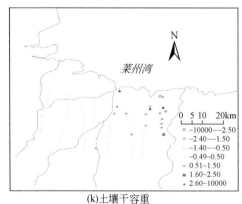

(k)土壤干容重

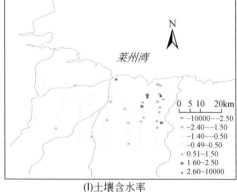

(l)土壤含水率

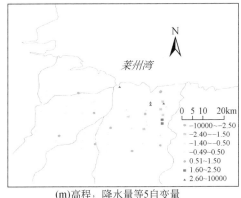

(m)高程，降水量等5自变量   (n)DEM等环境因子

图 5-12 土壤盐渍化与环境因素所构建 GWR 模型之局部回归系数分布图

三、空间耦合度分析

土壤盐渍化与环境是两个极其复杂的综合系统，根据数据的可量化性，资料的可获取性，以及根据莱州湾南岸土壤盐渍化与环境的特征与实际情况，建立了莱州湾南岸土壤盐渍化与环境耦合评价指标体系。通过对指标的量化计算，对莱州湾南岸土壤盐渍化和环境因素的耦合程度进行分析。降水与土壤盐渍化的关系十分密切，降水的渗透、冲刷等作用都会对土壤盐分的流动、富集等造成较大影响。一般来说，矿化度与含盐量为正相关的关系，通过耦合度计算，两者之间的耦合程度也较高。地下水埋深直接关系到土壤毛细管水能否到达地表，使土壤产生积盐，因而决定土壤的积盐程度。地下水埋深愈浅，土壤盐分含量愈高，地下水埋深较深的区域土壤盐分含量低，说明地下水埋深与土壤盐分含量之间存在交互耦合的关系。

为了消除指标数据间量纲和量级的影响，使用极差正规化法，将原始数据有效归一化在［0，1］之间，便于之后对耦合度进行计算。刘耀彬等（2005）的容量耦合概念及容量耦合系数模型推广，得到多个系统（或要素）相互作用的耦合度模型，即

$$C_n = \left\{ (u_1 \cdot u_2 \cdot \cdots \cdot u_m) / \left[\prod (u_i + u_j) \right] \right\}^{1/n}, \qquad (5\text{-}3)$$

式中：C_n 为耦合度；u 为各变量的值。

根据公式，可以得到各环境要素与土壤盐分的耦合度函数，可以表示为

$$C = 2 \left\{ (u_i \cdot u_j) / [(u_i + u_j)(\overline{u_i} + \overline{u_j})] \right\}^{\frac{1}{2}}, \qquad (5\text{-}4)$$

式中：u_i 为各环境因素值；u_j 为土壤的含盐量。

不难证明，$0 \leqslant C \leqslant 1$，最大值亦即最佳协调状态；反之，协调度 C 越小，则越不协调，为了更好地划分耦合度的级别，采用中值分段法，将耦合协调度划分为4个区间：①当 $0 < C \leqslant 0.3$ 时，表明系统处于低度耦合协调；②当 $0.3 < C \leqslant 0.5$ 时，表明系统处于中度耦合协调；③当 $0.5 < C \leqslant 0.8$ 时，表明系统处于高度耦合协调；④当 $0.8 < C \leqslant 1$ 时，表明系统处于极度耦合协调。

通过计算，可以得到环境因素与土壤盐渍化的耦合度（表5-16）。其中，降水与土壤盐渍化的耦合程度最高，平均值达到了0.9以上，最低值在0.5以上，最高值达到了0.99以上，根据对耦合程度的划分，降水与土壤盐渍化的耦合度处于极度耦合协调。土壤含水率以及土壤干容重与盐渍化的耦合度也达到了0.9以上，处于极度耦合阶段。

表5-16　DEM等地球环境因素与土壤盐渍化耦合度表

环境因素	耦合度
土壤含水率	0.921
降水	0.918
地下水矿化度	0.610
地下水埋深	0.562
NDVI	0.513
土壤粒度	0.240
地形起伏度	0.206
气温	0.200
土壤 pH	0.153
DEM	0.092
土壤干容重	0.069
土壤有机质	0.046

矿化度又叫做总溶解固体（TDS），是表示水中溶解组分含量的指标。它包括溶于水中的离子、分子及配合物，但不包括悬浮物和溶解气体。由计算可知，矿化度与土壤盐渍化的耦合程度也较高，均值达到了0.6以上，最低值为0.3以上，最高值达到0.99以上，属于高度耦合协调。

地下水埋深与土壤盐渍化也有较高的耦合程度，耦合度的均值达到了0.5以上，也属于高度耦合协调，这证明了土壤盐分受地下水埋深的影响较大。有机质、气温、土壤粒度、地形起伏度、DEM、土壤 pH 以及 DEM 和土壤盐渍化的耦合度较低，研究结果基本一致，说明该耦合度模型适合在该研究区应用。

第六章　莱州湾南岸岸线时空变化特征

第一节　莱州湾南岸岸线提取

一、数据准备

莱州湾海岸线受黄河口演变、风暴潮等自然因素和盐田与滩涂养殖、海岸工程、海滩采沙等人为因素的影响，变化剧烈。准确地提取海岸线，可以正确的把握莱州湾岸线变迁的实际情况，对于莱州湾海岸带管理与开发，以及为决策部门提供科学及时有效的信息具有重要的意义。

本书采用的遥感数据类型主要是 1973 年 12 月份的 Landsat1-3 MSS 数据，1984 年 12 月份、1994 年 12 月份的和 2002 年 2 月份 Landsat-5 TM 数据、2010 年 11 月份 Landsat-7 ETM 数据和 2017 年 4 月份 Landsat-8 OLI 数据（表 6-1、表 6-2）。

表 6-1　本书所用遥感影像数据列表

编号	卫星	传感器	轨道号	成像日期	分辨率
1	Landsat-1	MSS	130/34	1973/12	80m
2	Landsat-5	MSS	120/34	1984/12	80m
3	Landsat-5	MSS	120/34	1994/12	80m
4	Landsat-5	MSS	121/34	2002/2	30m
5	Landsat-7	ETM	121/34	2010/11	30m
6	Landsat-8	OLI-TIRS	121/34	2017/4	30m

表 6-2　本书所采用的遥感卫星以及有关参数

卫星名称	传感器	波段范围 /μm	空间分辨率 /m	重返周期 /d
Landsat-8	OLI	0.43 ～ 0.45	30	16
		0.45 ～ 0.52		
		0.53 ～ 0.60		
		0.63 ～ 0.68		

续表

卫星名称	传感器	波段范围 /μm	空间分辨率 /m	重返周期 /d
Landsat-8	OLI	0.85～0.89		16
		1.56～1.66	30	
		2.10～2.30		
		0.50～0.68	15	
		1.36～1.39	30	
Landsat-7	ETM	0.45～0.52		16
		0.52～0.60		
		0.63～0.69	30	
		0.76～0.90		
		1.55～1.75		
		2.07～2.35	60	
		0.45～0.90	15	
Landsat-4\5	TM	0.45～0.52		16
		0.52～0.60		
		0.63～0.69	30	
		0.76～0.90		
		1.55～1.75		
		10.4～12.5	120	
		2.08～2.35	30	
Landsat-1	MSS	0.5～0.6		18
		0.6～0.7		
		0.7～0.8	80	
		0.8～1.1		

　　美国 NASA 的 Landsat-1 是美国在 1972 年的 7 月 23 日发射的并成功入轨运行的第一代作为试验的地球资源卫星。其是在原有用于气象研究卫星的蓝本上研发的。重访周期设定是 18 天，卫星运行工作期间采用单项的扫摆方式，上面配备 1 台多光谱传感器 MSS，可从 4 个波段获取信息，空间分辨率设定为 80m。

　　美国 NASA 的 Landsat-4、Landsat-5、Landsat-7 分别是在 1982 年 7 月 16 日、1984 年 3 月 1 日和 1999 年 4 月 15 日发射的并成功入轨运行的地球资源卫星。从 1982 年发射 Landsat-4 开始采用了最新的技术且较前几颗卫星技术上有了十分显著的提高。其卫星上开始配置了最新型的专题绘图传感器 TM，TM 专题绘图仪的使用最重要的是提高了遥感影像的几何精度，极大地方便了后期影像资料的使用和处理。而 Landsat-7 上装配了更加先进的专题绘图传感器称为增强型专题绘图仪 ETM+，其主要进步之处在于提供了一个高分辨率的全色波段，分辨率为 15m，后期使用时经波段融合可以有效提高分辨率，极为容易的看清有关地物。然而，其提供的多光谱遥感资料空间分辨率仍为 30m。当然，该星提供的热红外信道波段的空间分辨率也相应的由 120m 增加到 60m。

美国 NASA 的 Landsat-8 在 2013 年 2 月 11 号发射并顺利入轨运行工作，并在 2014 年开始提供的数据下载服务。Landsat-8 上废弃了最开始使用的专题绘图仪，启用了最新的两个主要载荷传感器：OLI（Operational Land Imager，陆地成像仪）和 TIRS（Thermal Infrared Sensor，热红外传感器）。仅 OLI 陆地成像仪相较之前的 7 个波段，增加至 9 个不同的波段，但空间分辨率仍然保持在 30m，其中依然包含了一个 15m 色波段。TIRS 包括 2 个波段，中心波长分别为 10.9μm 和 12.0μm，主要用于采集地球上两个热区的热量流失情况，用于研究水分消耗状况，见表 6-3。

此外，莱州湾南部地貌类型多样，海岸线的演变明显，为提高解译精度和准确性，选取了野外实地勘测点 200 个，并用 GPS 记录坐标。

表 6-3 OLI 影像各波段光谱特征分析表

波段序号	波段范围	主要应用领域
B2	0.45～0.52μm 蓝色	对水体透射能力强，有助于探测水深、水质、水中叶绿素分布、沿岸水流、泥沙情况制图；探测健康植被绿色反射率，区分林型、树种
B3	0.52～0.59μm 绿色	对水体有较强的透射能力，可反映浅水地形，识别水体清洁度、沙洲等；探测健康植被绿色反射率，区分林型、树种
B4	0.63～0.69μm 红色	对水体有一定的透射能力，可反映水中泥沙、水下地貌和泥沙流；可反映不同植被的叶绿素吸收和健康状况
B5	0.77～0.89μm 近红外	寻找地下水；健康植被上较强反射，病害植被色暗，区分树林、农作物、草地
B6	0.51～0.73μm 可见光	对水体有一定的透射能力，可反映浅水地形，识别水体清洁度、沙洲等；用于土壤含水量、植被含水量调查，识别人工建筑轮廓

二、数据预处理

Landsat 陆地卫星在扫描成像时因系统问题会产生两类误差。一是辐射畸变，主要是卫星传感器在接受地物反射的电磁波时，因受到大气、水分或者地物光照条件等方面的影响会与实际地物反射的电磁波存在差异；二是在获取的原始遥感影像资料中，地物的形状、位置信息等或者尺寸大小都会因为表达系统的要求而发生形变。因此，在应用卫星遥感影像时需要对其进行一定的预处理过程。本书下载的遥感影像全部为L1T级别。经过了一定的几何粗校正以及辐射校正，为提高精度结合研究实际，研究中前期的遥感影像处理工作主要为图像的裁剪、几何精校正以及影像配准。书中所有用到的海图资料以及遥感影像全部统一到WGS84地理坐标系，并使用墨卡托投影。

1. 几何精校正和影像配准

基于所采用的Landsat卫星遥感影像以及研究区实际。在做几何精校正时，为提高效率先在ENVI5.1软件支持下对卫星数字遥感影像和研究区海图进行自行校正处理处理。应用ArcGIS10.1软件以Google Earth上下载的2002年莱州湾西—南部研究区高精度航拍影像作为校正蓝本，对本书所采用的1973年、1984年、1994年、2002年、2010以及2017年影像分别进行精校正处理。精校正处理流程沿用目前广泛应用的二次多项式模型进行处理，即首先在参照图蓝本上选择非常明显极为容易辨别的地面物体，这些地物的选择一般为固定存在且不易改变的，包括交通线的交点、永久高大建筑物或者大型库塘的边界、大型港口，等等。将以上选择的地物作为地面控制点。地面控制点的选择数量每幅遥感影像大于32个，且遵照均匀分布的原则。随后，针对精校正结果还要进行重采样，使用的方法也是被广泛认可的双线性内插方法。最后，经验证本书精校正结果比较理想，总的均方根误差（RMSE）在0.5个像元之内，更重要的是每个地面控制点的均方根误差也在0.5个像元之内。以2014年卫星遥感影像为例，其在精校正以后均方根误差是0.276个像元，完全满足本书关于莱州湾西—南部海岸线演变规律的研究需要。

因为自美国NASA的Landsat-7开始，其携带了增强型专题绘图传感器，增加了一个高精度，空间分辨率在15m的全色波段。而且Landsat-8的OLI传感器仍然保留了这个高精度全色波段。所以，为提高遥感目视解译精度，增强研究准确度，可以充分借助这一高精度全色波段在ENVI5.1支持下，进行Gram-Schmidt变换处理（主成分变换），从而将原有30m分辨率的影像提升至15m，而各类地物信息等均没有发生改变。

2. 影像波段假彩色合成

Landsat卫星遥感影像各个波段均为单一灰度影像。若采用目视解译的方法，这在一定程度上丧失了人眼对于辨识物体的优势。因此，有必要充分挖掘卫星遥感影像的各个波段息进行综合利用，而假彩色合成不失为一种可行的方案。将 Landsat 遥感影像其中 3 个波段在 ArcGIS 上赋以 RGB 三色，并充分组合以突出所要解译的某类地物信息，提高解译精度。目前，针对海岸线、海岸带研究的目视解译，通常采用近红外波段、红光－近红外光波段以及黄红光波段进行标准假彩色合成，即在 MSS 影像上进行 432 波段的标准假彩色合成。然而，ETM+ 遥感影像以及 OLI 遥感影像增加了波段，所以需进行 743 波段的标准假彩色合成。

3. 研究区裁切

为充分提高遥感影像处理效率，去除无关区域地物信息干扰，突出研究区各类地物信息，需要对经过预处理的卫星遥感影像进行一定的裁剪。近年来，3S 技术发展极为迅速，可以借助各类 GIS 桌面软件系统十分便捷的对遥感影像进行任意裁剪。本书采用的是最新的 Arc GIS10.1 软件平台，以 1973 年为基础选择莱州湾西部的界线—钓口区域，向东选择莱州湾南岸跟东岸的界线虎头崖。在此基础上绘制统一的面文件，直接对剩余的 1984 年、1994 年、2002 年、2010 年以及 2014 年图像裁切出研究区域。

三、岸线解译标志及提取原则

地球上各类自然地物以及人为建筑等都有其特定的波谱曲线，对电磁波的反射率也不同，因此，表现在遥感影像上每种地物均有其不同的显现特征，而这些特征便是解译标志（Åsmund et al.，2009）。解译标志的准确选取关系到各地貌类型的划分以及海岸线，信息的提取，对研究结果的影响较大，但因海岸地貌类型的复杂性和差异性。在具体研究中，需要结合莱州湾南岸的地貌、海岸线特点，综合研究区遥感影像的空间分辨率以及纹理关系等要素，按照科学、系统以及使用的原则。从色彩、纹理、地物邻接关系等方面建立不同海岸类型的遥感解译标志，提出基岩岸线、砂质岸线、粉砂淤泥质岸线和人工岸线等 4 类岸线的提取原则。

1. 基岩岸线

基岩岸线位于基岩海岸之上，基岩海岸由岩石组成，常有突出的海岬和深入陆地的海湾，岸线比较曲折。

基岩海岸有明显的起伏状态和岩石构造，在北方常有海珍品养殖池，近岸水深较大，在遥感影像上颜色较深，破波带呈亮白色，近岸礁石呈灰色，分布散乱，且亮度不均，纹理粗糙。海岸植被根据不同的长势呈浅红色或暗红色，陆地裸岩呈灰白色，建筑物的亮度较高，呈白色。

在影像中，基岩岸线的位置应在明显的水陆分界线上。礁石、破波带以及养殖区等位于岸线的向海一侧；植被、裸岩和建筑物等应位于岸线向陆一侧。

2. 砂质岸线

砂质海岸一般比较平直，海岸的干燥滩面光谱反射率较高，在影像上表现为白亮的区域，海水的光谱反射率较低，含水量较高的沙滩光谱反射率也较低，在影像上表现略暗。在遥感影像中，砂质岸线的位置应取在干燥沙滩下限，与浸没在水中的沙滩相接。

3. 粉砂淤泥质岸线

粉砂淤泥质岸线位于淤泥质海岸上，这种海岸主要由潮汐作用形成，受上冲流的影响，滩面坡度平缓，滩面宽度可达数千米甚至更宽。

粉砂淤泥质海岸向陆一侧一般植被生长茂盛，呈红色或暗红色，向海一侧被较为稀疏呈浅红色或没有植被，裸露潮滩上多有树枝状潮沟发育。

大潮上水淹没潮滩，致使淹没范围内高潮线处植被极其稀疏，在影像中，植被茂盛与稀疏程度明显差异处即为粉砂淤泥质岸线所在位置。

4. 人工岸线

人工岸线是人工建筑物形成的岸线，建筑物一般包括防潮堤、防波堤、码头、凸堤、养殖区和盐田等。防潮堤、防波堤等建筑物在影像上一般亮度较高，呈白色，狭长延伸分布纹理平滑。堤外为淤泥质滩涂，颜色灰暗，比裸地略淡，海岸线位置确定在建筑物的外缘。

码头处多有居民区或工厂等，一般为规模分布，有一定的亮度，但不均匀，有清晰的水泥纹理特征，道路错综复杂，呈网状，容易确认。码头处凸堤在影像中多呈白色，明显的细长条状突出，此处的海岸线位置为码头外边界，横截宽度小于30m 的凸堤处海岸线位置确定在凸堤根部与陆地相连的连线处。

莱州湾南岸地下埋藏着丰富的卤水资源，普遍存在于松散的沙层中，是发展盐化工业得天独厚的优势资源。地下卤水资源地跨寿光市、寒亭区、昌邑市、莱州市共 4 个县、区，呈带状沿岸分布。本区地势低平，滩涂广阔，组成滩涂的沉积物比较细，结构致密，渗透性小，有利于滩涂制盐；气候干燥，降水量为山东省最少，蒸发量远高于降水量，春秋旱。夏季降水集中，风速大，具有晒盐的理想条件。随着国家经济的发展，在市场需求的驱动下，盐田和养殖区蓬勃发展，羊口港、央子港、下营港不断扩大建设，为盐区物资运输提供便利条件。

养殖区岸线位于基岩海岸或粉砂淤泥质海岸上，养殖区布局规则，呈长条状，空间集中分布，颜色近于海水，养殖池在干涸情况下，影像上表现很像裸地，呈灰色或灰白色，陆地植被根据疏密程度呈浅红色至暗红色，建筑物亮度较高，呈白色，大潮高潮不能淹没养殖区外边缘，海岸线位置确定在养殖区的外边缘上。

盐田岸线位于盐田海岸上，盐田分布在淤泥质潮滩上，规则小型方块连续大面积分布，且一般都对称分布，蒸发池颜色近于海水而结晶池因为含有大量海盐呈白色，亮度较高，陆地植被与建筑物同养殖区岸线所述，海岸线位置确定同养殖区岸线确定方法，在盐田区域的外边界。

第二节 莱州湾南岸岸线时空变化特征

本书基于海岸带 Landsat 影像，根据实地踏勘资料及解译经验，在分析各种海岸类型在影像中特征的基础上，从颜色、纹理和地物邻接关系等方面建立海岸类型的遥感解译标志，提出基岩岸线、砂质岸线、粉砂淤泥质岸线和人工岸线等 4 类岸线的提取原则，基于此提取原则进行莱州湾岸线信息提取，以便保证前后两期海岸线位置和属性没有变化的部分保持严格一致（Chander et al., 2009；Hanks，1971）。

遥感提取岸线与现场调查岸线局部细节差异较大，原因之一是测量的拐点较疏和局部地区无法到达，导致局部地方测量岸线与实际岸线不符，不能表示海岸线的实际位置，遥感技术可以弥补这一不足，确保提取的海岸线在细节上的合理性和准确性；原因之二是遥感手段不能获取海陆管理的界线所在，致使人工岸线中的具有管理属性的岸线位置划分与修测岸线有差距，本书仅针对自然属性的岸线进行提取与分析。

根据以上解译标志与提取原则，提取的 6 期海岸线结果如图 6-1 所示，可以看出 1973～2017 年近 45 年间海岸线发生了较大幅度的后退，在 1984～1994 年和 2002～2010 年间，海岸线后退速度最快，后退的距离最大，在 1973～1984 年和 2010～2017 年间，后退的速度有所下降，岸线后退的距离较小；在近 45 年海岸线的分布形态上看，1973 年的形态最为平滑，在经济落后的年代对海岸线的保护较好，自 1984 年开始，海岸线出现较为规则的形状，受到一定人类活动影响，2017 年的海岸线可以明显发现其受到建设港口、盐田和养殖的影响（王集宁等，2016）。

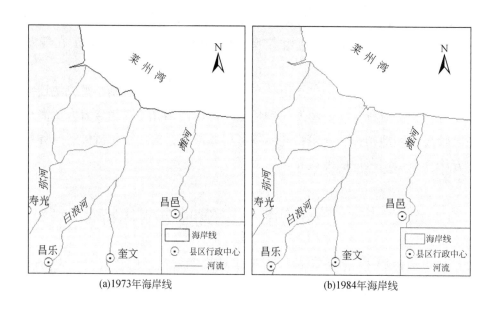

(a)1973年海岸线　　　　　　　　　　(b)1984年海岸线

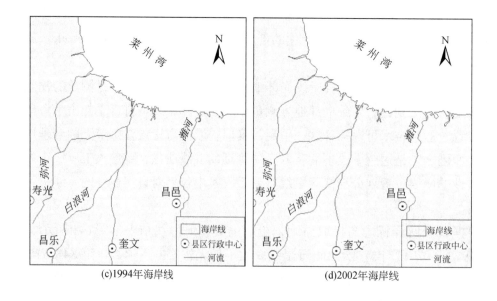

(c)1994年海岸线　　　　　　　　　　(d)2002年海岸线

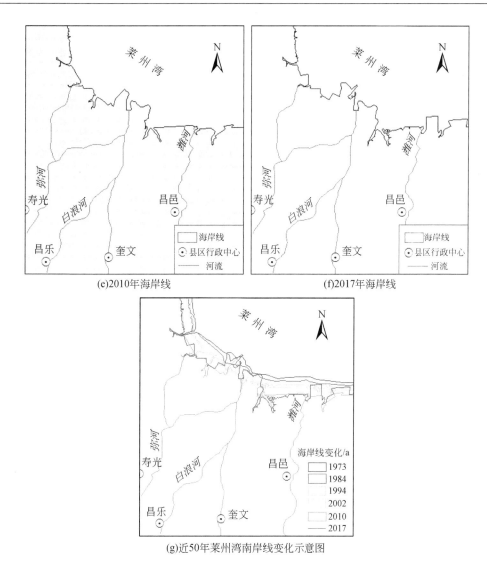

(e)2010年海岸线　　　　　　　　(f)2017年海岸线

(g)近50年莱州湾南岸线变化示意图

图6-1 莱州湾南岸海岸线时间变化图

第三节　莱州湾南岸岸线变化的驱动力分析

本书利用6期近50年TM卫星遥感影像提取莱州湾岸线的类型、长度、变化范围，根据影像信息和相关资料分析海岸线变迁过程和变迁原因，可以得出：整个莱州湾岸线长度在增加，1984年较1973年增加20.5km，平均速度为2.3km/a；2002年较1994年增加12.6km，平均速度1.6km/a；2017年较2010年增加14km，平均速度为2km/a，44年间，海岸线长度增加47.1km，增长速度逐渐减慢，平均速度 2km/a，如前文图 6-1 所示。

岸线在空间位置上的变化也导致海岸带空间范围发生相应的变化。1973 ~ 1984 年间，海岸线向海推进的速度最快，其次是 2002 ~ 2010 年，最后是 1994 ~ 2000 年，海岸线后退面积较大。

该区海岸线受到侵蚀的原因除地处潍北平原海面相对上升区以外，众多河流泥沙的注入形成了广阔的平原淤泥质海岸和该区又是风暴潮灾害频发区同样会产生重要影响。

首先受到海面相对上升的影响，国内外有些学者使用 Bruun 法则来研讨海面相对上升与海岸侵蚀的关系。Bruun 法则可以用下述方程表示：

$$R = \frac{L}{B+h}S \qquad (6-1)$$

式中，R 为岸线后退速率；L 为从水深 h 到岸线的距离；B 为滩肩高度；h 为近岸沉积物分布的水深限度；S 为海平面上升量。

在 Bruun 法则里，h 称闭合深度，是指砂质海岸系统中近岸沉积物的分布深度。但在淤泥质海岸，h 的确定应考虑到地貌、沉积、动力的综合依据。整个莱州湾海底沉积都是沿岸河流入海泥沙作用的结果，没有残留沉积，如果以莱州湾湾口水深作为闭合水深，显然已远远超出海岸剖面调整的范围。莱州湾水深 8m 以浅区域，等深线相对密集且基本平行于岸线展布属于水下岸坡，组成物质为粉砂质砂，近几十年来岸坡冲淤多变，而在水深 8m 以深区域，等深线相对稀疏，为广阔的浅海平原，组成物质为粗粉砂，处于渤海中部沉积区，基本上是一堆积区。所以，就地貌和沉积而言可把 8m 作为闭合深度。另外，就水动力而言，研究区内 50 年一遇波高和周期分割为 H 1/3 和 T=7.0s，泥沙强烈活动水深也为 8.3m 左右，因此，研究区闭合水深取 8m 是合适的，距岸线约为 18km。

为了估算海面相对上升对研究区海岸侵蚀的贡献，可以假定海岸剖面在垂直方向上没有净收支。结合前文分析，可以将水深 8m 以浅的剖面看作是"均衡剖面"。如此，满足了应用 Bruun 法则的条件。

张锦文等（1997）给出了 1952 ~ 1994 年羊角沟验潮站实测逐时潮位资料反映的该海域平均海面变化，计算结果指出，1957 年平均海平面为 305cm，而 1984 年为 308cm，则 1957 ~ 1984 年，羊角沟附近海域海面变化平均速率为 1.1mm/a；丰爱平等（2006a）指出，研究区地面沉降速率为 2mm/a，故本区海面相对上升量约为 3.11mm/a，按照 Bruun 法则计算，每年因海面相对上升引起的海岸侵蚀速率为 7m/a，研究区海岸侵蚀速率加权平均为 27m/a，则海面相对上升的贡献大小为 26%。

其次对入海泥沙量计算表明，研究区河流输沙主要参与水深8m以内地形剖面的塑造，1958～1984年，水深8m以内的区域泥沙净侵蚀总体积为$2.71×10^8m^3$，区域泥沙中值粒径取为0.08mm，故泥沙干容重为$1.1kg/m^3$，则泥沙侵蚀量为$3.0×10^8t$。将建水库（闸）以前的泥沙量当作维持海岸稳定的标准。研究区20世纪80年代之后为枯水年，1981～1984年入海泥沙量按照0处理，则1958～1984年，研究区建水库（闸）后泥沙亏损总量为$1.25×10^8t$，因研究区1958～1984年8m水深以内的区域泥沙总亏损量为$3.0×10^8t$，则入海泥沙量的减少对区域海岸侵蚀的贡献大小为42%。

最后是风暴潮，Krieble等（1989）通过长期对Delaware附近海岸剖面观察与测量，提出了如下经验公式对风暴潮造成的岸线后退进行估计：

$$I = 0.3048^{-1} × H · S \left(\frac{t_d}{12} \right)^{0.3} \qquad （6-2）$$

式中，I为风暴潮引起的海岸后退量，单位为m；H为近岸波高，单位为m；S为风暴潮增水，单位为m；t_d为风暴潮持续时间，单位为h。

研究区风暴潮致灾过程如下：由于海底地形平坦，风暴潮大浪在远处就发生破碎，传至岸滩区，波高在1.0～1.5m以下，没有防护的岸段，海岸被侵蚀后退；在有防护的岸段，上述波高叠加上高水位，对防潮坝进行冲击，使其在波激流作用下倒塌，直至决口和不断扩大，海水进而侵入虾池、盐田和陆地，造成损失。根据1973～2017年以来的资料统计[①]，计算得出：研究区海岸侵蚀速率平均为27m/a，则风暴潮的贡献大小为37%。

前文分析计算结果表明，海面相对上升、入海泥沙量减少和风暴潮3种因素对研究区海岸侵蚀的贡献大小分别为26%、42%、37%，三者之和为105%，超出部分应为计算误差。误差产生的原因分析如下。就入海泥沙量减少而言，泥沙来源的枯竭意味着海岸迅速后退。前文中指出，区域海岸线至0m线之间特别是河口区域，滩面蚀低最为严重，即是对入海泥沙急剧减少的一种响应。前文计算认为河流输沙减少对海岸侵蚀的贡献大小为42%，偏小，原因在于：在泥沙亏损量的估计中，没有考虑黄河入海泥沙对研究区的影响。如前文所述，1976年5月以后，黄河入海泥沙可以直接扩散到小清河河口附近，并在莱州湾中部沉积，间接扩散范围则大的多。1958～1994年，黄河输沙量逐渐减少，但黄河来沙的减少对研究区泥沙亏损的作用很难估计；此外研究区波浪常浪向为偏北向，位于莱州湾湾顶潮流流速弱区，

---

① 山东省水文总站，河流水文统计表，1985。

有利于泥沙向湾顶堆积。莱州湾沿岸河流入海泥沙的减少也会导致研究区泥沙量的亏损。基于上述原因，使得泥沙亏损量估计偏小，使得入海泥沙量锐减对海岸侵蚀贡献大小计算结果偏小。

庄振业等（2000）认为，在鲁南砂质海岸，主要海岸侵蚀因素为入海泥沙量减少、前滨挖沙和海面上升所致，三者影响权重比为 4 ：5 ：1。若将人为挖沙和入海泥沙量减少都当作海岸泥沙来源的减少，则海岸泥沙来源减少与海面上升的比值为 9 ：1。二者主要差别在海面相对上升对海岸侵蚀的贡献大小上。这种差别的形成与海岸发育的地质地貌背景有关。莱州湾南岸背依广袤构造下沉的潍北平原，海面相对上升速率大；而鲁南海岸位于胶东隆起区，紧邻侵蚀剥蚀准平原，海面相对上升速率小；加之前者海岸剖面坡度小，后者海岸剖面坡度大，势必造成海面相对上升引起前者的海岸侵蚀速率比后者的大得多。

第四节　莱州湾南岸海水入侵与海岸线变动耦合关系

一、研究方法

在多时相海水入侵数据整理和相应时段遥感影像选择的基础上，首先对海水入侵影像配准、数字化，提取 1979 ～ 2012 年 6 期海水入侵锋线（陈广泉等，2010；胡云壮，2014；李福林，2005）；对遥感影像预处理，提取 1979 ～ 2013 年的海岸线位置分布信息。然后，通过纵向剖面分析（垂直断面建模方法），每隔 200m 采样，获取每个空间采样点的定量变化信息；再根据端点速率法 EPR（end point ratio）计算模型，分别计算和统计入侵锋线、海岸线的分时间段变化速率，多年年平均变化率。最后，通过 Pearson 相关分析与显著性 t 检验，分析海岸线变化与海水入侵在时间和空间上的耦合关系。其中关键点在于海岸线提取、纵向剖面建模计算和 EPR 时空耦合分析。研究方法如图 6-2 所示。

1. 海岸线提取与锋线数字化

通过遥感图像监测海岸线的变化国内外已有大量的算法研究和应用。技术上难度不是特别的大，问题在于提取的精度和自动化程度。本书中主要利用面向对象技术，根据岸线在遥感影像中的空间分布特征和水陆光谱不同，依据 NDWI（normalized difference water index）的类间光谱特征的差异最大，完成水利分离，然后通过互信息操作和特征知识的融入，实现海岸线高精度识别，具体可参考相关文章。在几何

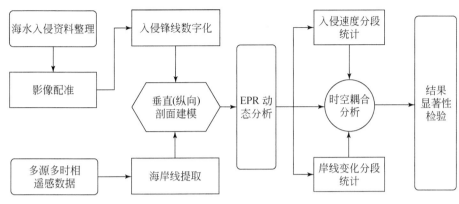

图 6-2　技术流程图

精确配准的基础上，对历史时期的海水入侵锋线进行手工数字化，得到各个历史时期海水入侵锋线的分布位置。

2. 纵向断面建模方法

　　垂直断面建模方法是一种对数字岸线线性目标变迁速率计算的传统方法。其中，端点速率法（EPR）计算模型最为简单、常用。用 EPR 法计算和统计岸线的变化速率如图 6-3 所示，首先是建立垂直剖面线，本书在提取入侵锋线和岸线的基础上，通过缓冲区分析建立基线，设置采样间隔为 200m。然后根据垂线与所有断面上的岸线交点距离计算平均变化率。

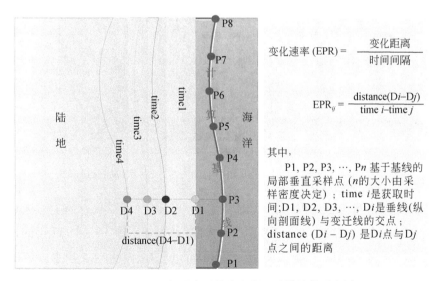

$$变化速率\ (EPR) = \frac{变化距离}{时间间隔}$$

$$EPR_{ij} = \frac{distance(D_i - D_j)}{time\ i - time\ j}$$

其中，

P1, P2, P3, …, Pn 基于基线的局部垂直采样点 (n 的大小由采样密度决定) ; time i 是获取时间; D1, D2, D3, …, Di 是垂线(纵向剖面线)与变迁线的交点 ; distance (Di − Dj) 是 Di 点与 Dj 点之间的距离

图 6-3　EPR 局部垂直（纵向）断面建模计算示意图

二、海水入侵锋线动态变化过程

1979～2012 年莱州湾海岸带区域海水入侵锋线位置动态变化见图 6-4。从咸水锋线图上可以清楚地看出区域海水入侵的动态变化过程，1979～1989 年是区域海水入侵最快的阶段，随后区域海水锋线移动明显变缓。图 6-5 为海水入侵 EPR时空动态分布图。图 6-5（a）为 1979～1989 年海水入侵锋线变化率；图 6-5（b）为 1989～1995 年海水入侵锋线变化率；图 6-5（c）为 1995～2000 年海水入侵锋线变化率；图 6-5（d）为 2000～2008 年海水入侵锋线变化率；图 6-5（e）为 2008～2012 年海水入侵锋线变化率；图 6-5（f）为 1979～2012 年海水入侵锋线变化率。

图 6-4　1979～2012 年莱州湾南岸海水入侵锋线动态过程

综合入侵锋线的动态过程和 EPR 时空动态分布图，可以从总体上将区域海水入侵分为三大阶段 5 个小阶段（表 6-4）。三大阶段为：① 1979～1989 年的快速入侵阶段：此阶段是莱州湾南岸海水入侵发展最快的时期。由于地下淡水资源的过度开采，地下水位大幅度下降，每年入侵面积增加 29.22km²。海（咸）水入侵平均每年入侵速率为 0.38km/a，最大入侵距离在昌邑市青乡南部，入侵速率达到 0.69km/a。

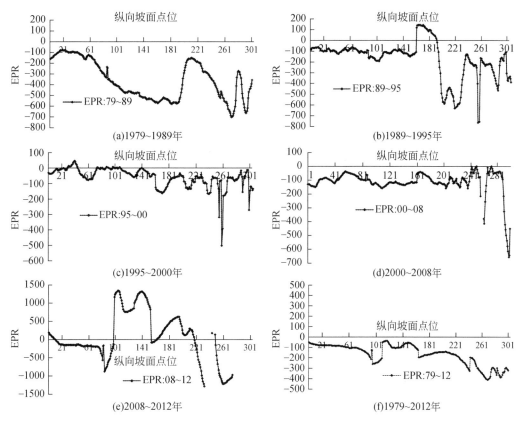

图 6-5　EPR 空间动态分布图

② 1989 ～ 2000 年的慢速发展阶段：此阶段莱州湾南岸海水入侵的速度明显变缓，由于人们逐渐认识到海（咸）水入侵的危害，地下水开采进行了适当限制，同时近海卤水的开采量在逐年增大。无论是入侵速度，还是入侵面积，都明显下降。海水入侵锋线，基本上在 1995 年位置附近波动。③ 2000 ～ 2012 年的相对稳定与徘徊阶段：此阶段海咸水入侵动态锋线基本处于徘徊状态，并且局部出现了退缩［图 6-5（e）］。由于海水入侵治理工程的实施，通过调整地下水与卤水的开采较好地控制了咸淡水界面的。

表 6-4　1979 ～ 2012 年莱州湾海水入侵速率与面积分段统计表

	1979 ～ 1989 年	1989 ～ 1995 年	1995 ～ 2000 年	2000 ～ 2008 年	2008 ～ 2012 年
平均入侵速度 /（m/a）	337.04	170.36	115.95	56.36	−72.14
最大入侵距离 /m	68506	3818	5254	2714	4893
入侵面积 /km²	292.24	90.12	76.65	23.30	−209.41
入侵总面积 /km²	801.44	891.57	968.23	991.54	781.6

三、海岸线动态变化遥感制图与分析

从解译的结果可以看出，莱州湾南部岸线的时空变化并不是一致的（图6-6）。从时间上看，区域海岸线总体上呈现向陆地蚀退的趋势（局部区域受到人类活动的干扰除外），不同时段蚀退速度不同；从空间上看，不同地点区域海岸线的蚀退速率也不一样。

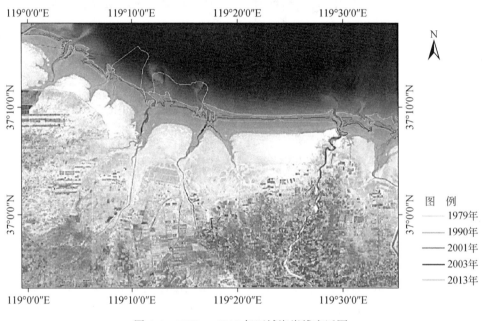

图 6-6　1979～2013 年区域海岸线变迁图

四、海水入侵与岸线变化耦合关系分析

1979～2012 年莱州湾南岸的海水入侵与岸线变化速率，见图6-7。从图上可以看出两条 EPR 曲线的变化特征和时空耦合关系。表6-5 从定量的角度统计了区域岸线和海水入侵的变化特征以及二者之间的相关关系。1979～2012 年莱州湾南岸海水入侵的均值达到了 -177.23m/a；最大值分布在昌邑市青乡南部区域，入侵速度达到 435.28m/a；最小值为 124.02m/a，分布在潍坊北部寒亭。1979～2012 年区域岸线的蚀退速度约为 10.44m/a；蚀退的最大速度为 124.02m/a，空间位置上昌邑市北部下营镇；蚀退的最小速度分布在寒亭区以北的岸线段，此处由于建造海上游

乐场和港口，区域岸线呈现向海快速淤进，最大速度达到191.14m/a。海岸线EPR与入侵锋线EPR相关系数为0.407，显著性水平为0.00，通过99%的高信度水平（双侧）检验。由此可见，区域的海水入侵与岸线变化在时空上存在强耦合关系。

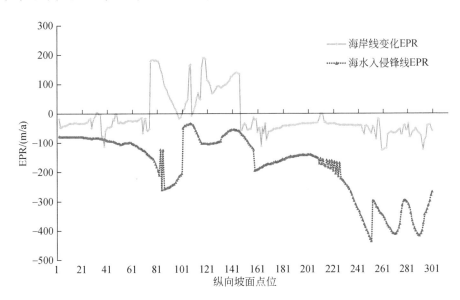

图 6-7　1979～2012年莱州湾南岸岸线与海水入侵锋线变化速率图

表 6-5　海水入侵与海岸岸线变化量统计与耦合关系分析　（单位：m/a）

	均值	最小值	最大值	相关系数	P 值
海岸侵蚀	-10.441	-124.02	191.14		
海水入侵	-177.226	-435.28	-33.24	0.407**	0.000

** 在0.01水平（双侧）显著相关。

第七章　近15年来莱州湾南岸景观格局变化

第一节　近15年来莱州湾南岸景观格局变化特征

湿地广泛分布于世界各地，是水体和陆地之间的生态纽带，它们既是缓冲区又是脆弱区（丁玲等，2004；范晓梅等，2010）。湿地不仅具备广泛食物链和丰富的生物多样性，能接受二氧化碳以及天然和人为产生的水和废弃物，还具有稳定水源供给，调节地下水水位等功能，被誉为"生物超市"、"地球之肾"和"人类摇篮"（陆健健等，2006）。

国内有许多学者利用多种方式从多个方面对莱州湾南岸海岸湿地展开了研究。张绪良等（2009）初步估算了2000年莱州湾南岸海岸自然湿地N、P元素的输入和输出通量，展现了海岸湿地的过滤作用；在湿地景观类型分类的基础上，提取1987年和2002年莱州湾南岸海岸湿地Landsat卫星影像的属性数据，应用景观格局指数研究了湿地景观格局变化及其积累环境效应，结果表明，15年来自然湿地总面积缩小了49.1%。张祖陆等（2005）深入研究了莱州湾南岸咸水入侵区生态环境分区与生态恢复研究、土地利用/覆被变化驱动机理及晚更新世以来的古环境演变等。吴珊珊等（2008）应用RS和GIS研究了莱州湾南岸海岸湿地景观类型、面积和分布现状，并分析了海岸湿地景观生态特征及景观破碎化水平，结果表明人工湿地面积占整个湿地面积的78.22%；以1992年和2004年Landsat遥感影像为数据源，调查研究了莱州湾南岸湿地及其变化，结果表明，与1992年相比，2004年研究区湿地总面积减少，而人工湿地面积却增加，自然湿地被大面积垦殖。高美霞等（2009）通过分析地质环境变化及人类活动对湿地的影响，得出了研究区湿地天然植被退化严重，为避免景观破碎化，应采取有效的湿地占有生态补偿机制。

湿地作为地球上和森林、海洋并重的生态系统之一，具备大陆和水体所无法涵盖的特点和特征，其特殊性在于它的水文状况、陆地和水域生态系统交错带作用以及由此产生的独特的生态系统功能（丰爱平等，2006a，2006b；付博等，2011a，

2011b）。而莱州湾南岸地处山东省渤海海岸线的中心地带，是山东半岛蓝色经济区和黄河三角洲高效生态经济区交汇地带，是山东省经济发展的重要区域（曹建荣等，2014）。通过对莱州湾南岸海岸湿地脆弱性评估，梳理海岸湿地脆弱性评估基础理论，丰富湿地脆弱性评估方法，为湿地生态系统的保持与恢复提供理论指导，为科学制定优化路径和保障措施提供支撑，以期能够为湿地脆弱性研究提供一定的指导和借鉴，也为其他区域湿地脆弱性评估提供一定的决策参考，促进海岸湿地的生态可持续发展。

本书选取莱州湾南岸海岸湿地的典型区域作为研究区域（图 7-1），研究区位于山东省东北部，西起弥河河口，东至白浪河；地理坐标为 118°53′15″E—119°10′25″E，37°20′50″N—36°58′58″N，总面积约 778km^2。研究区在地质构造上处于新华夏系的第二沉降带（华北凹陷），是沂沭大断裂以西的莱州湾沿岸西部沉降区，受到海洋和河流的联合作用，研究区发育了广阔的滨海冲积 - 海积平原，平原上聚积了由淤泥、泥质粉砂及粉砂构成的沉积物等，沉积物最厚处达 400m，潮滩广阔，最宽可达 30km。地形自南向北缓慢降低，地势整体平整开阔，坡度仅为 1/3000。在气候方面，研究区属暖温带大陆性季风气候，四季分明，年平均气温 12℃，年平均降水量为 559.5mm，莱州湾南岸主要的灾害性天气为寒潮和风暴潮，寒潮时常发生在 11 月至次年 1 月。在水文方面，研究区水系较为发育，自西向东有弥河和白浪河等河流注入莱州湾，研究区位于滨海的全咸水区，为第四纪滨海相地下卤水，矿化度高，难用于工农业生产和日常生活。在土壤方面，研究区的地带性土壤为棕壤和褐土，其中，滨海盐土分布最广，占莱州湾南部总面积的 27.44%。在社会经济发展状况发面，研究区隶属潍坊市，位于山东半岛蓝色经济区，是山东省经济重点发展的地区之一。截至 2017 年，全市地区生产总值 5522.7 亿元，其中昌邑市 399.5 亿元，寒亭区 214.9 亿元，寿光市 856.8 亿元。该区域工业、农业、盐化工、渔业和交通运输业迅速发展，产值大幅度提高，目前已经成为中国重要的渔业和海盐生产区。

一、数据来源

主要数据来源有莱州湾南岸研究区 2003 年、2007 年、2011 年和 2016 年 4 年全波段 Landsat 卫星遥感数据，坐标系为 WGS_1984_UTM_zone_50N（表 7-1）。另外还有为提取研究区信息，采用的山东省底图，山东省河流、行政点、范围和经纬边框图，并将其坐标系统一到 UTM 投影坐标。

图 7-1　研究区位置图

表 7-1　莱州湾卫星遥感影像数据

序号	时间（年－月－日）	传感器	地面分辨率
1	2003-05-20	Landsat-7 SLC-on	30m
2	2007-09-20	Landsat-7 ETM SLC-off	30m
3	2011-09-20	Landsat-7 ETM SLC-off	30m
4	2016-09-20	Landsat-8 OLI_TIRS	30m

二、研究区湿地分类系统与景观信息提取

在湿地分类的研究中，各个领域，各个国家、地区都有满足实际和自身需要的湿地分类系统（蒋卫国等，2005；冷莹莹等，2009；Bernhard and Harald，2008）。本书根据《全国湿地资源调查技术规程》（2008 年）中对湿地的分类方法，并在此基础上综合考虑了研究区的土地覆被与土地利用的特殊性，以及湿地独特的植物优势群落、地貌和水文要素的组成等特征，建立了湿地分类体系（表 7-2）。

表 7-2　研究区湿地分类体系

湿地类	湿地型	湿地特征
湿地景观	自然湿地 浅海水域	低潮时水深＜ 6m 的浅海水域
	河流及河口水域	河流沿线及河口水域
	滩涂	河流入海口处、河口三角洲
	潮上带低洼地	潮上带海岸沼泽
	人工湿地 盐田	沿海蒸发制盐地区
	养殖池、池塘	近海水域、养殖池塘
非湿地景观	建设用地	
	农用地	

　　在建立湿地分类系统的基础上，根据不同目标地物在遥感影像中具有不同的颜色、形状和位置，建立湿地解译标志。建立湿地解译标志就是在遥感图像上通过目视判读识别区分不同的湿地类型。本书根据目标地物的实际特征通过识别研究区遥感影像的色调、颜色、形状、纹理、位置和相关布局等来提取湿地的解译标志（表 7-3）。

表 7-3　研究区湿地遥感影像的解译标志

类型	浅海水域	河流及河口水域	滩涂	潮上带低洼地	盐田	养殖池、池塘	建设用地	农用地
分布	自然	自然	沿海	河流附近	沿海附近	沿海附近	集中	自然
形状	带状	条带状	不规则带	斑块状	规则	规则	不规则	不规则
样本								

三、各湿地类型面积变化

　　本书采用目视解译的方法对 2003 年、2007 年、2011 年和 2016 年的遥感影像进行湿地分类和面积统计。首先，在 Arc Map10.2 中打开研究区遥感影像，新建 Shpfile 格式，根据已经建立的湿地解译标志，将所有的地物类型勾绘出来，建立拓扑关系，结果如图 7-2 所示，统计各类型的湿地面积并导出 Excel2013，得到湿地的面积信息，计算结果如表 7-4 所示。

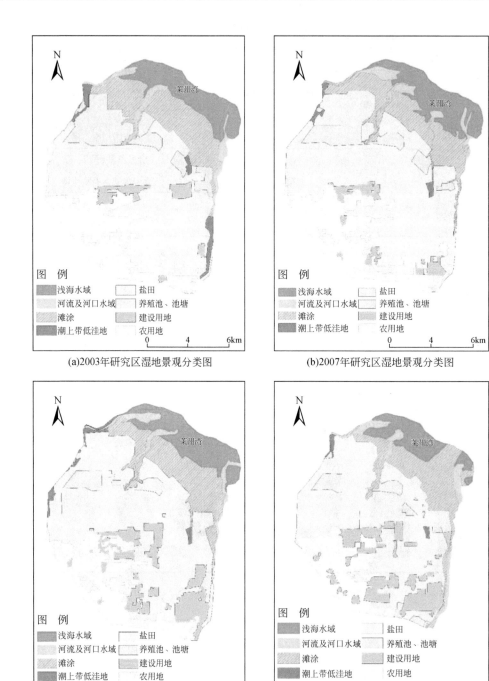

(a)2003年研究区湿地景观分类图　　　　　(b)2007年研究区湿地景观分类图

(c)2011年研究区湿地景观分类图　　　　　(d)2016年研究区湿地景观分类图

图 7-2　研究区湿地景观分类图

表 7-4 2003～2016 年湿地景观类型面积及所占比例

景观类型	2003 年		2007 年		2011 年		2016 年	
	面积 /hm²	比例 /%	面积 /hm²	比例 /%	面积 /hm²	比例 /%	面积 /hm²	比例 /%
浅海水域	7346.929	9.45	7247.152	9.31	7294.939	9.36	5709.070	7.36
河流水域	2283.450	2.94	2387.928	3.07	2217.047	2.85	2941.999	3.79
滩涂	10667.900	13.73	9542.154	12.25	9681.246	12.43	10865.070	14.00
潮上带低洼地	1295.891	1.67	480.938	0.62	883.303	1.13	385.028	0.50
盐田	32464.740	41.78	39073.750	50.18	36226.570	46.50	35678.110	45.99
养殖池、池塘	8418.456	10.83	4271.939	5.49	2604.875	3.34	3159.079	4.07
建设用地	2327.924	3.00	2467.617	3.17	7119.317	9.14	8945.003	11.53
农用地	12892.880	16.59	12392.690	15.92	11877.380	15.25	9898.590	12.76

以 2016 年为例，该年莱州湾南岸研究区的湿地面积为 58738.36hm²，盐田面积最大，占总面积的 45.99%，而潮上带低洼地面积最小，占总面积的 0.50%。自然湿地面积为 19901.17hm²，其中滩涂面积为 10865.07hm²，在自然湿地中所占比重最大，而人工湿地为 38837.19hm²，比自然湿地多 18936.02hm²。除此以外，建设用地面积为 8945.003hm²，占总面积的 11.53%，农用地面积为 9898.59hm²，占总面积的 12.76%（图 7-3）。

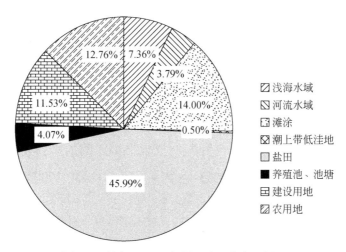

图 7-3 研究区 2016 年景观类型分布比例图

综合来看，从 2003～2016 年 14 年期间，莱州湾南岸研究区湿地总面积呈下降趋势，其中面积变化最大的是建筑用地，从 2003 年的 2327.924hm² 增长到 2016 年的 8945.003hm²。根据分类，盐田面积最大，潮上带低洼地面积最小。在自然湿地类型中，浅海水域和潮上带低洼地面积减小，滩涂面积增大，河流及河口水域面积基本不变；在人工湿地类型中，养殖池、池塘的面积明显减少。非人工湿地中，建筑用地面积上升显著，农用地面积有所下降（图7-4）。

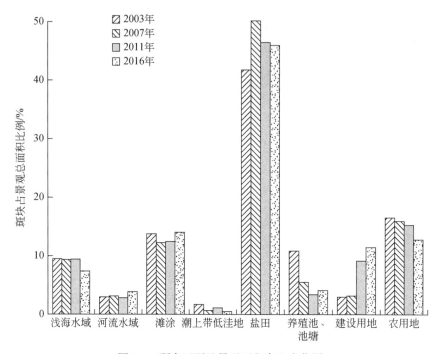

图 7-4　研究区湿地景观面积占比变化图

四、湿地景观类型转移矩阵及分析

为了更好地分析研究区湿地类型的动态变化过程，选取转移矩阵模型计算各湿地类型的相互转化状况，揭示各种湿地景观类型之间的转移面积，具有定量化和清晰直观等特点。方法是借助 Arc GIS 10.2 软件，在 ArcToolbox 中利用 Intersect 工具进行叠加，将属性表导出到 Excel2013 中进行数据的统计，按时间序列计算2003～2007年、2007～2011年和2011～2016年3个时段的景观分类图像的湿地类型面积转换概率矩阵，揭示研究区近14年的景观动态变化和发展趋势，结果见表7-5、表7-6和表7-7。

表 7-5　2003～2007 年研究区湿地景观类型面积转换概率矩阵

2003 年	2007 年							
	潮上带低洼地	河流水域	建设用地	农用地	浅海水域	滩涂	盐田	养殖池、池塘
潮上带低洼地	14.26%	3.23%	0.69%	1.72%	0	12.98%	60.41%	6.72%
河流水域	0.48%	46.38%	0	0	2.65%	49.97%	0.48%	0.04%
建设用地	7.26%	0	37.84%	23.97%	0	0.02%	30.92%	0
农用地	0	0	3.75%	87.78%	0	0	8.17%	0.30%
浅海水域	0	12.09%	0	0	80.96%	6.95%	0	0
滩涂	0	3.52%	0.04%	0	11.43%	70.48%	14.43%	0.09%
盐田	0.07%	0.03%	3.36%	1.47%	0	0.16%	94.57%	0.35%
养殖池、池塘	0.95%	0	0	0	0	1.32%	49.93%	47.80%

　　至 2007 年，盐田、农用地、浅海水域和滩涂分别保留了 2003 年的 94.57%、87.78%、80.96% 和 70.48%，与其他类型湿地面积转换较小，但也有 14.43% 的滩涂和 8.17% 的农用地转为盐田。面积转换概率最大的是潮上带低洼地和盐田，有 60.41% 的潮上带低洼地转变为盐田，潮上带低洼地只保留 2003 年的 14.26%。总体来看，向潮上带低洼地、河流及河口水域和浅海水域转变的自然演变均比较小，而向盐田、养殖池、池塘和建设用地转化的面积较大，说明人类活动在莱州湾南岸海岸湿地转换中影响较大。

表 7-6　2007～2011 年研究区湿地景观类型面积转换概率矩阵

2007 年	2011 年							
	潮上带低洼地	河流水域	建设用地	农用地	浅海水域	滩涂	盐田	养殖池、池塘
潮上带低洼地	71.95%	0.57%	0	0	0	0	27.48%	0
河流水域	0.08%	60.01%	0	0	30.55%	9.05%	0.32%	0
建设用地	0	0	84.24%	12.73%	0	0.72%	2.30%	0
农用地	0	0	6.93%	90.92%	0	0	2.15%	0
浅海水域	0	3.86%	0	0	84.82%	11.32%	0	0
滩涂	2.70%	5.02%	0	0	4.02%	83.97%	4.29%	0.01%
盐田	0.70%	0.03%	10.69%	0.65%	0	1.24%	86.55%	0.14%
养殖池、池塘	0.001%	0.02%	0.06%	0.79%	0	3.42%	36.05%	59.66%

　　至 2011 年，农用地、盐田、浅海水域、建设用地和滩涂分别保留了 2007 年面积的 90.92%、86.55%、84.82%、84.24%、83.97%，与其他类型湿地面积转换较小，但仍有 11.32% 的浅海水域转为滩涂，10.69% 的盐田转为建设用地。养殖池、池塘

和盐田面积转化最大，有 36.05% 的养殖池、池塘转为盐田，另外还有 27.48% 的潮上带低洼地转为盐田。总体来看，向潮上带低洼地、河流河口水域和滩涂转变的自然演变均比较小，面积转换率均低于 10%，而向盐田、农用地和建设用地转化的面积转化率较大。

表 7-7　2011～2016 年研究区湿地景观类型面积转换概率矩阵

2011 年	2016 年							
	潮上带低洼地	河流水域	建设用地	农用地	浅海水域	滩涂	盐田	养殖池、池塘
潮上带低洼地	29.72%	3.60%	0	0	0	14.38%	51.81%	0.49%
河流水域	0.09%	58.95%	0.18%	0	26.96%	12.63%	1.15%	0.05%
建设用地	0	0.47%	75.24%	2.76%	0	2.30%	19.24%	0
农用地	0	0	10.28%	75.62%	0	0.10%	9.55%	4.45%
浅海水域	0	7.60%	0	0	64.56%	27.84%	0	0
滩涂	0	5.70%	2.25%	0	5.02%	79.63%	7.17%	0.24%
盐田	0.35%	1.40%	5.98%	2.26%	0	1.57%	86.96%	1.47%
养殖池、池塘	0	0	0.006%	0	0	0.08%	20.26%	79.66%

至 2016 年，盐田、养殖池、池塘、滩涂、建设用地和农用地分别保留了 2011 年面积的 86.96%、79.66%、79.63%、75.24% 和 75.62%，与其他类型湿地面积转换较小，但仍有 20.26% 的养殖池、池塘、19.24% 的建设用地和 9.55% 的农用地转为盐田。潮上带低洼地面积转化较大，其中有 51.81% 转变为盐田，潮上带低洼地仅保留 2011 年的 29.72%。总体来看，向潮上带低洼地、河流及河口水域、农用地和养殖池池塘转变较小，说明 2011～2016 年人类活动在莱州湾南岸湿地转换中逐渐减弱，湿地保护政策效果。

五、湿地景观变化格局分析

1. 分析指标确定

景观指数（landscape index）是指高度浓缩景观格局信息，反映其构造组成和空间配置某些方面特性的简单定量指标，是适宜定量表达景观格局和生态过程之间关联的空间分析方式（陈敏，2009；陈雅茹等，2009；成建梅等，2001）。景观指数可以分为斑块形状指数、景观多样性指数和景观破碎度指数 3 类。本书选取了景观类型面积（CA）、斑块个数（NP）、斑块占景观总面积比例（PLAND）、景观斑块密度（PD）、最大斑块指数（LPI）、平均斑块分维数（FRAC_MN）、景观多样性指数（SHDI）和均匀度指数（SHEI）8 个指标，进行景观格局空间分析。

2. 指数计算结果

研究中应用 GIS 以及景观格局分析软件 Fragstats4.2，依据上述遥感目视解译获得的湿地景观类型图。首先在 Arcmap10.2 中将 shp 格式转化得到 Fragstats4.2 能够识别的 tif 格式，继而在 Fragstats4.2 的支持下选取软件中的指标得出湿地结构指数，利用 Excel2013 导出计算结果，得到表 7-8、表 7-9、表 7-10 和表 7-11。

表 7-8　2003 年研究区湿地景观类型格局指数

	CA	NP	PLAND	PD	LPI	FRAC_MN	SHDI	SHEI
潮上带低洼地	1295.01	4	1.6671	0.0051	0.8472	1.1071	—	—
河流水域	2278.62	5	2.9334	0.0064	1.1082	1.1677	—	—
建设用地	2332.35	4	3.0026	0.0051	1.6905	1.0505	—	—
农用地	12893.49	1	16.5985	0.0013	16.5985	1.1652	—	—
浅海水域	7347.15	1	9.4584	0.0013	9.4584	1.0989	—	—
滩涂	10669.95	5	13.736	0.0064	9.1413	1.1179	—	—
盐田	32453.91	12	41.7798	0.0154	40.3997	1.0635	—	—
养殖池、池塘	8407.98	5	10.8241	0.0064	6.9006	1.0676	—	—
整个景观	—	—	—	—	—	—	1.6762	0.8061

表 7-9　2007 年研究区湿地景观类型格局指数

	CA	NP	PLAND	PD	LPI	FRAC_MN	SHDI	SHEI
潮上带低洼地	482.22	3	0.6193	0.0039	0.2397	1.0859	—	—
河流水域	2386.17	11	3.0647	0.0141	1.1307	1.1510	—	—
建设用地	2463.3	7	3.1638	0.009	1.4256	1.0768	—	—
农用地	12392.1	5	15.916	0.0064	15.1771	1.0889	—	—
浅海水域	7247.52	1	9.3085	0.0013	9.3085	1.1269	—	—
滩涂	9540.9	10	12.254	0.0128	11.844	1.1089	—	—
盐田	39076.83	20	50.1889	0.0257	43.4139	1.0409	—	—
养殖池、池塘	4270.5	6	5.4849	0.0077	3.1809	1.0457	—	—
整个景观	—	—	—	—	—	—	1.5236	0.7327

表 7-10 2011 年研究区湿地景观类型格局指数

	CA	NP	PLAND	PD	LPI	FRAC_MN	SHDI	SHEI
潮上带低洼地	883.08	8	1.1336	0.0103	0.2972	1.0951	—	—
河流水域	7113.87	13	9.1322	0.0167	3.7571	1.1676	—	—
建设用地	11880.99	4	15.2518	0.0051	14.9264	1.0825	—	—
农用地	7289.73	2	9.3579	0.0026	8.5982	1.0619	—	—
浅海水域	9679.23	5	12.4254	0.0064	9.2526	1.0768	—	—
滩涂	9679.23	5	12.4254	0.0064	9.2526	1.1081	—	—
盐田	36232.38	14	46.5121	0.018	45.3566	1.0619	—	—
养殖池、池塘	2603.25	6	3.3418	0.0077	1.8393	1.0305	—	—
整个景观	—	—	—	—	—	—	1.6078	0.7732

表 7-11 2016 年研究区湿地景观类型格局指数

	CA	NP	PLAND	PD	LPI	FRAC_MN	SHDI	SHEI
潮上带低洼地	384.75	2	0.4962	0.0026	0.315	1.0784	—	—
河流水域	2946.87	5	3.8008	0.0064	1.049	1.1004	—	—
建设用地	8950.59	20	11.5443	0.0258	3.3431	1.0499	—	—
农用地	9896.85	1	12.7648	0.0013	12.7648	1.1444	—	—
浅海水域	5708.61	3	7.3629	0.0039	6.397	1.0607	—	—
滩涂	10846.71	9	13.9899	0.0116	11.1022	1.0983	—	—
盐田	35653.68	3	45.9855	0.0039	44.9216	1.1074	—	—
养殖池、池塘	3144.42	11	4.0556	0.0142	1.5575	1.0455	—	—
整个景观	—	—	—	—	—	—	1.6171	0.7776

3. 景观格局指数分析

景观斑块的变化反映区域景观格局变化，从图 7-5 可以看出研究区斑块占景观总面积比例（PLAND）均有一定面积的变化。综合来看，在 2003 ~ 2016 年间，盐田占景观总面积的比例最大，约在 40% ~ 50%，潮上带低洼地占景观总面积的比例最小，约在 0 ~ 5%。分类来看，2003 ~ 2016 年，PLAND 变化最大的是建设用地，其占景观总面积的比例从 2007 年的 3.16% 上升到 2011 年的 15.25%，其次是养殖池、池塘，其占景观总面积的比例由 2003 年的 10.82% 下降到 2011 年的 3.34%。产生这些转变的主要原因是随着人口的增加，建设用地和盐田的规模扩大。

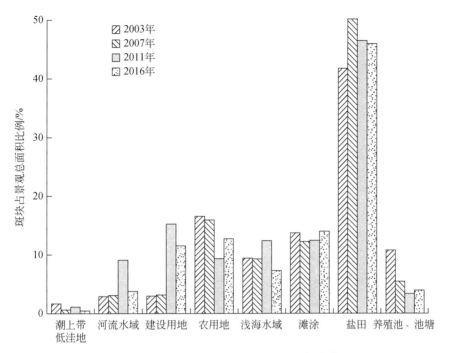

图 7-5　研究区湿地斑块占景观总面积比例变化图

从图 7-6 可以看出，盐田面积最大，潮上带低洼地面积最小，盐田和建设用地面积呈上升趋势，而农用地和养殖池、池塘呈下降趋势。从斑块数目（图 7-7）变

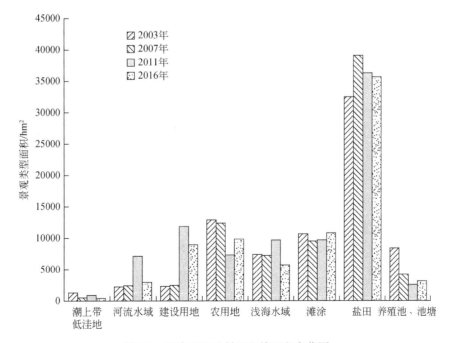

图 7-6　研究区湿地景观斑块面积变化图

化能够看出，数量变化最大的是建设用地和盐田，建设用地从 2003 年的 4 增加到 2016 年的 20，而盐田从 2007 年的 20 减少到 2016 年的 3。通过对景观面积和斑块数目的分析可以表明，人们对湿地的干扰加大，随着人口的增加以及在经济利益的驱使下，建设用地增加明显，盐田的斑块数量下降，但是面积依然最大，说明许多区域已经连成一片。

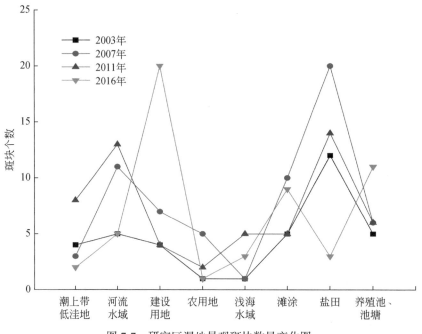

图 7-7　研究区湿地景观斑块数量变化图

从图 7-8 可以看出斑块密度变化，景观斑块密度（PD）反映人为因素对景观的干扰程度。从整体来看，2003 ～ 2016 年，除了建设用地和养殖池、池塘，其他景观湿地类型的斑块密度呈下降趋势。从单个来看，建设用地斑块密度从 2003 年的 0.0051 增加到 2016 年的 0.0258，说明建设用地的逐年分散，而盐田的斑块密度从 2007 年的 0.0257 减少到 2016 年的 0.0039，说明盐田的分布日益集中。最大斑块指数（LPI）表示最大斑块对景观的影响程度，从图 7-9 可以看出，盐田的 LPI 呈递增趋势，说明盐田的优势度大幅增加，这与人的开发活动密不可分。

平均斑块分维数（FRAC_MN）反映斑块周边的复杂性程度，反映景观受干扰水平。从图 7-10 可以看出，2003 ～ 2016 年，潮上带低洼地、河流及河口水域、浅海水域、滩涂和建设用地都有不同程度的减小，说明人为干扰使得这些景观类型的形状简单化，而农用地和盐田都有不同程度的增加，其分维数的相对增加反映了这些景观类型的形状不规则。

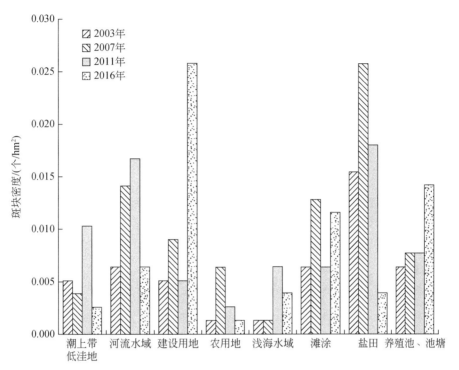

图 7-8　研究区湿地景观斑块密度变化图

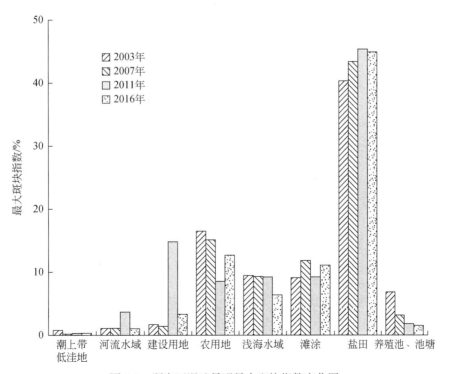

图 7-9　研究区湿地景观最大斑块指数变化图

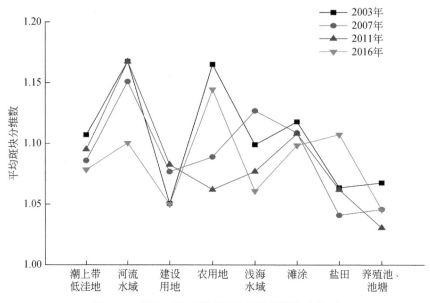

图 7-10　研究区湿地景观平均斑块分维数变化图

景观多样性指数（SHDI）能够反映不同景观要素和景观要素的比例变化，均匀度指数（SHEI）反映各斑块类型的均匀分布。从图 7-11 和图 7-12 可以看出，从 2003 ～ 2016 年，研究区景观多样性指数和均匀度指数先下降后上升，说明景观优势度有所上升。

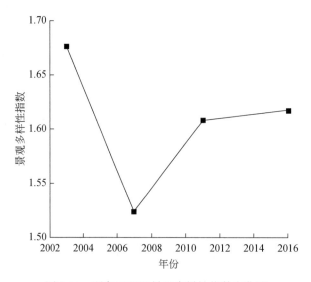

图 7-11　研究区湿地景观多样性指数变化图

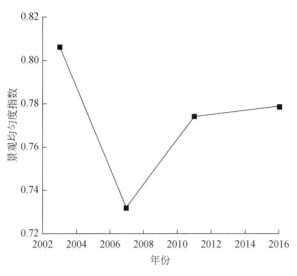

图 7-12　研究区湿地景观均匀度指数变化图

第二节　莱州湾南岸海岸湿地生态脆弱性评价

一、生态脆弱性评价指标模型

在湿地生态脆弱性评价和指标选择方法中，根据研究目的和实际情况的不同，指标选取方法和重点部分也不同。本书在对莱州湾南岸海岸湿地脆弱性评价中选择了"压力 - 状态 - 响应"（Pressure-State-Response，PSR）框架模型（黄方等，2003）。PSR 模型是由经济合作与发展组织（OECD）建立，同时面对人类和自然，清晰地表述了两者之间因果关系，如图 7-13 所示：即人类活动对环境施加了压力使环境状态发生了一定的变化；而人类社会应该对环境的变化做出反应，以复原环境质量或防止环境恶化。而这三个步骤恰是拟定对策措施的全过程。

二、评价方法及标准

1. 综合评价方法

在莱州湾南岸海岸湿地脆弱性评价中，首先借鉴李永健等（2002）在对拉鲁湿地生态环境质量评价时选用的逻辑斯蒂增长曲线模型对单个指标进行评价。

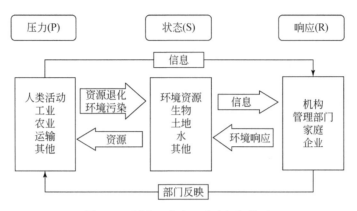

图 7-13 压力 - 状态 - 响应框架模型

$$P = \frac{1}{1+e^{(a-bR)}} \qquad (7\text{-}1)$$

式中：P 为单项指标的生态环境质量指数评估值（无量纲值）；R 为表示单项指标测度值（％）。

对于常数 a、b，当 $R=0.01$ 和 $R=0.99$ 时，得 a、b 的值分别为 4.595 和 9.19。所以，单项指标评价的最终模型为

$$P = \frac{1}{1+e^{(4.595-9.19\times R)}} \qquad (7\text{-}2)$$

$$P = 1 - \frac{1}{1+e^{(4.595-9.19\times R)}} \qquad (7\text{-}3)$$

当指标量增长与生态系统健康的增长目标一致时，选用方程（7-2）；当指标量增长与生态系统健康的增加目标互异时，则选用方程（7-3）。

最终选用各单项指标的加权平均法求得湿地生态脆弱性综合评价指数 EVI（eco-environmental vulnerability index）。EVI 的数值越大，脆弱水平越重。

$$EVI = \sum_{i=1}^{n} W_i \times P_i \qquad (7\text{-}4)$$

式中：EVI 为生态脆弱性指数评价值；W_i 为第 i 个评价指标的权重值；P_i 为第 i 个评价指标的评价值。

2. 评价标准

按照 EVI 值的大小排列，以反映研究区湿地的生态脆弱程度。将莱州湾南岸海岸湿地生态环境脆弱性等级分为五级（表 7-12）。

表 7-12　研究区湿地生态系统脆弱性分级

综合评价	等级	EVI	湿地生态特征
潜在脆弱	一级	0 ～ 0.2	湿地景观自然状况良好，组织合理，活力强，系统稳定，恢复能力很强
轻度脆弱	二级	0.2 ～ 0.4	湿地景观自然状况较好，组织比较完全，活力较强，系统较稳定，恢复能力较强
中度脆弱	三级	0.4 ～ 0.6	湿地景观自然状况受到改变，组织基本完全，活力表现衰退，系统较不稳定，恢复能力开始呈现消退
重度脆弱	四级	0.6 ～ 0.8	湿地景观的自然状况受到相当的破坏，组织破碎，活力很差，系统较不稳定，对外界的干扰响应迅速
极度脆弱	五级	0.8 ～ 1.0	湿地景观的自然状况已经完全破坏，组织十分破碎，活力极差，系统极不稳定，对外界的干扰响应快

3. 评价指标体系建立

结合莱州湾南岸海岸湿地生态脆弱性评价的指标选择目的和具体情况，紧紧围绕湿地生态系统功能和人类活动来考虑，并通过"压力－状态－响应"框架模型来表述。由于综合性指标由多个指标反映，对各指标权重的赋予主要依据指标的重要性并依据专家经验法，建立指标体系如表 7-13 所示。

表 7-13　研究区湿地生态系统脆弱程度评价指标体系

湿地生态环境质量		评价指标
压力（0.3）		人口密度（0.5）
		人类干扰指数（0.5）
状态（0.6）	活力（0.2）	初级生产力
	组织（0.4）	景观多样性指数（0.5）
		斑块平均面积指数（0.5）
	弹性（0.1）	湿地平均弹性度
	服务功能（0.3）	地表蓄水量
响应（0.1）		湿地面积变化比例（0.5）

4. 评价指标的提取

1）压力指数提取

随着人口的增加，大多数湿地生态环境的正向演替不可避免地受人类活动的促进或制约，因此，在压力评价指标中选择了人口密度和人类干扰指数。

$$人口密度 = 人口数量 / 研究区总面积 \tag{7-5}$$

根据山东省统计年鉴得到人口数量，经计算，研究区 2003 年、2007 年、2011 年和 2016 年的人口密度为 5.354 人 /hm²、5.544 人 /hm²、5.744 人 /hm² 和 5.861 人 /hm²。

研究区的湿地生态景观受到当地人为活动的干扰，其中最突出的一点是自然湿地遭到破坏，面积减小。受经济利益驱使，自然湿地转变为建设用地、农用地、养殖池、池塘和盐田。本书的人口干扰度采用 2003 ～ 2007 年、2007 ～ 2011 年和 2011 ～ 2016 年自然湿地转变成盐田、养殖池、池塘、建设用地和农用地的面积占 2003 年、2007 年和 2011 年湿地总面积的比例来表示。

人口干扰度 =（人工湿地面积 + 建设用地面积 + 农用地面积）/ 研究区总面积

$$（7\text{-}6）$$

经计算，研究区 2003 年、2007 年、2011 年和 2016 年的人口干扰度为 0.032、0.007、0.015。

2）状态指数提取

A. 活力

生态系统的初级净生产力表征生态系统的活力，主要是由绿色植物实现。大量遥感实验表明，植被生产力与植被归一化指数 NDVI（normalized difference vegetation index）呈正相关。

对 Landsat TM 遥感影像，TM3 波段是绿色植被的放射率最低的可见光红光波段；TM4 是绿色植被的放射率最高的近红光波段，NDVI 的计算公式为

$$NDVI=\frac{TM4-TM3}{TM4+TM3}\qquad（7\text{-}7）$$

在 ENVI Classic 中打开遥感影像，然后利用 transform 中的 NDVI 计算出研究区的像元数和 NDVI 的平均值，最后采用整个评价地区的 NDVI 平均值进行评价（见表 7-14）。具体为

$$NDVI=\frac{\sum NDVI}{S}\qquad（7\text{-}8）$$

式中，S 为研究区总面积，单位为 hm²。

表 7-14　研究区 2003 ～ 2017 年 NDVI 值

年份	像元个数	NDVI 平均值	单位面积 NDVI 值
2003	1238853	0.893645	15.94444026
2007	1237830	1.066424	15.89731341
2011	1237830	1.079883	15.88904503
2017	1238853	1.263062	15.96833046

B. 组织

组织主要指系统的复杂性，反映湿地生态系统的空间结构和分布格局。在景观格局中，物种多样性与景观多样性、景观异质性和隔离程度等斑块特性有关。

因此，本书中系统的复杂程度是由景观多样性指数（SHDI）和斑块平均面积指数（MPS）来反映，形成湿地生态环境指标（表 7-15）。

表 7-15　研究区 2003 ～ 2016 年 SHDI 值和 MPS 值

年份	SHDI	MPS
2003	1.6762	2099.418
2007	1.5236	1235.866
2011	1.6078	1497.575
2016	1.6171	1435.787

C. 弹性

生态系统的弹性度表示生态系统受压力后自我调节，自我恢复以及抵抗各种压力与扰动能力大小的限度。本书以景观类型的弹性度加权求和来衡量生态弹性度。计算公式如下：

$$ECO_{res} = \sum_{i=1}^{m}(P_i \times B_i) \tag{7-9}$$

式中：ECO_{res} 为景观类型的平均弹性度；m 为景观类型的数目；P_i 为景观类型 i 所占的比例；B_i 为第 i 类景观类型的弹性度分值。

ECO_{res} 越大，生态弹性度越高，生态系统就越健康。反之，ECO_{res} 越小，生态弹性指数越低，生态系统就越脆弱。根据有关学者对不同湿地景观类型的生态弹性度的研究进行分类如表 7-16。经计算，2003 年、2007 年、2011 年和 2016 年湿地生态弹性度分别为 0.48947、0.4806、0.4761 和 0.46897。

表 7-16　研究区景观生态弹性度分值

景观类型	分值	说明
浅海水域	0.7	
滩涂	0.6	对维持区域生态系统弹性度中发挥重要作用
河口及河流水域	0.8	
潮上带低洼地	0.9	
盐田	0.4	
养殖区	0.4	在维持区域生态系统的弹性度方面起着重要作用，但利用欠缺，
建设用地	0.3	容易退化而导致生态弹性度降低
农用地	0.5	

D. 服务功能

水文是湿地生态系统中重要的组成成分之一。本书的地表蓄水量是采用研究区的浅海水域、河口及河流水域面积和滩涂面积来表示。通过前面对研究区湿地类型目视解译提取出的 2003 年研究区浅海水域、河口及河流水域和滩涂面积分别为 7346.929hm²、2283.45hm² 和 10667.9hm²；2007 年研究区浅海水域、河口及河流水域和滩涂面积分别为 7247.152hm²、2387.928hm² 和 9542.154hm²；2011 年研究区浅海水域、河口及河流水域和滩涂面积分别为 7294.939hm²、2217.047hm² 和 9681.246hm²；2016 年研究区浅海水域、河口及河流水域和滩涂面积分别为 5709.07hm²、2941.999hm² 和 10865.07hm²。所以 2003 年、2007 年、2011 年 和 2017 年研究区调蓄洪水的湿地面积为 20298.279hm²、19177.234hm²、19193.232hm² 和 19516.139hm²。

3）响应

响应指标是指生态环境受压力所产生的反映，湿地生态系统退化是湿地生态环境所受压力过大和抵抗侵蚀能力下降的状况。本书的生态系统健康的响应选用自然和人工湿地面积之和的变化来反映。研究区 2003 年、2007 年、2011 年和 2016 年自然和人工湿地面积之和分别为 62477.37hm²、63003.86hm²、58907.99hm² 和 58738.36hm²。

5. 综合评价结果及分析

利用公式，对各单项指标加权平均求得研究区生态脆弱性综合评价指数（EVI），从而达到对研究区 2007 年、2011 年和 2016 年生态脆弱性的定量化评价，得到结果如表 7-17、表 7-18 和表 7-19。

表 7-17　研究区 2007 年生态环境脆弱性综合评价值

指标因子	R	单项评价值 P_i	单项权重 W_i	综合评价值
人口密度 /（人 /hm²）	0.19	0.0547	0.11	
人口干扰度	0.032	0.0134	0.11	
NDVI	−0.0030	0.9897	0.15	
SHDI	0.1526	0.0395	0.13	
MPS/hm²	−0.4113	0.6931	0.13	0.528
湿地平均弹性度	−0.0089	0.9892	0.15	
地表蓄水量 /hm²	−0.0552	0.9835	0.13	
湿地面积变化比例 /%	0.0084	0.0108	0.09	

表 7-18　研究区 2011 年生态环境脆弱性综合评价值

指标因子	R	单项评价值 P_i	单项权重 W_i	综合评价值
人口密度 /（人 /hm²）	0.2	0.0597	0.11	
人口干扰度	0.007	0.0107	0.11	
NDVI	−0.00052	0.99	0.15	
SHDI	0.0842	0.0214	0.13	0.406
MPS/hm²	0.211762	0.0661	0.13	
湿地平均弹性度	−0.0045	0.9896	0.15	
地表蓄水量 /hm²	0.000834	0.0101	0.13	
湿地面积变化比例 /%	−0.06501	0.982	0.09	

表 7-19　研究区 2016 年生态环境脆弱性综合评价值

指标因子	R	单项评价值 P_i	单项权重 W_i	综合评价值
人口密度 /（人 /hm²）	0.117	0.0288	0.11	
人口干扰度	0.015	0.0115	0.11	
NDVI	0.00499	0.0105	0.15	
SHDI	0.0093	0.0109	0.13	0.375
MPS/hm²	−0.04126	0.9855	0.13	
湿地平均弹性度	−0.00713	0.9893	0.15	
地表蓄水量 /hm²	0.016824	0.0117	0.13	
湿地面积变化比例 /%	−0.00288	0.9897	0.09	

本书利用生态脆弱性综合评价指数（EVI）得到 2007 年、2011 年和 2016 年研究区湿地脆弱性综合评价值分别为 0.528、0.406 和 0.375，对应的评价标准分别为 2007 年和 2011 年为中度脆弱，2016 年为轻度脆弱，脆弱程度趋于好转。

6. 研究区生态环境脆弱性成因分析

1）全球变化造成的海岸侵蚀加剧

研究区最主要的自然灾害之一是风暴潮，近年来，由于全球气候变暖，海平面有所上升，加剧了研究区的风暴潮灾害，风暴潮灾害频繁且强大，导致湿地盐渍化，并且滨海植被以盐生植被为主，自然演化慢，生物多样性低，易遭到风暴潮破坏，这些影响最终会改变海岸湿地的生态系统，引发一系列的湿地环境问题。另外全球气候变干，还会使研究区的土壤沙化，使海岸植被具有显著的生态脆弱性。

2）人口增加，建设用地增加

自 2003 ～ 2016 年，研究区人口密度由 5.354 人 /hm² 增加到 5.861 人 /hm²，人口的增加必然会造成住宅需求的增加，2003 ～ 2016 年，研究区建设用地从 2327.924hm² 增加到 8945.003hm²，占总面积的比例也从 3% 增加到 11.53%，人类的干扰活动也随之加大。

3）人工湿地围垦导致自然湿地减少

研究区地形平坦，光照充足，适宜建立盐田。山东省的海盐产区主要集中在莱州湾南岸和西岸。对研究区湿地面积变化结果的分析显示，自然湿地面积减少，部分转化为人工湿地，在 2003 年有 60.41% 的潮上带低洼地转变为盐田，潮上带低洼地只保留 14.26%，在 2007 年有 27.48% 的潮上带低洼地转为盐田，在 2011 年有 51.81% 转变为盐田，潮上带低洼地仅保留 29.72%。人工湿地围垦产生的直接影响是湿地景观破碎化，湿地环境恶化，生物多样性和物种丰富度降低。

4）湿地水资源不足

研究区属暖温带大陆性季风气候，多年平均降水量为 559.5mm，而多年均蒸发量为 1802.6mm，蒸发量大于降水量，人均水资源不足全国平均水平的 1/7。干旱致使输入研究区湿地的水量少，湿地生态需水量缺乏。河流中上游修建了大量水库河坝，使得河流下游长期断流，径流输入量呈下降趋势，另外还会导致浅滩泥沙大量减少，河口处滩涂退化。

5）过度开采沿海卤水资源

莱州湾南岸储藏着丰富的第四纪滨海相地下卤水，根据山东省第四地质矿产勘察院《山东省潍坊市北部沿海矿区天然卤水矿详查报告》（2006），区内地下卤水 ≥ 7°Be′（波美度）预可采资源量为 260984.34 万 m³，地下卤水 5 ≤ 7°Be′ 经济资源量为 164219.76 万 m³。在过去 20 年中，使用卤水提取溴素所获得的高额利润极大地刺激了卤水的开采量，地下卤水水位迅速下降，卤水资源面临枯竭的威胁。卤水资源的过度开采给湿地生态环境带来一系列危害：滨海滩涂湿地的消失，原本的粉砂 - 泥质滩涂海岸发育进程转变，湿地生态系统退化；滨海咸水水位下降，使区内盐碱荒地向旱化和沙化转化的趋势，盐生草甸植被退化。

7. 研究区湿地可持续发展

从生态脆弱性综合评价指数（EVI）可以看出研究区从中度脆弱转变成轻度脆弱，表明研究区已经意识到海岸湿地的脆弱性和重要性，采取了一系列措施保护当地生态环境。

1）建立湿地自然保护区

为了保护湿地资源，潍坊市已于2007年在国家海洋局的批准下建立了山东昌邑海洋生态特别保护区，总面积29.29km²，保护区内柽柳茂盛，规模和密度大，生物种类繁多。2011年5月，潍坊市海洋环境监测中心启动了对山东昌邑国家级海洋生态特别保护区的监测工作，监测目标是以柽柳为主的多种滨海湿地生态系统和各种海洋生物资源。国家级的海洋生态特别保护区不但具有独特的生态旅游价值，而且柽柳具有重要的天然生态价值和独特的生物多样性价值，它耐盐碱、干旱和土壤贫瘠，具有防风固沙、改善沿海生态环境和防止海岸侵蚀等作用，是海岸带灾害防御的有力生态屏障。

2）建立健全的湿地监测预警系统

在对莱州湾南岸海岸湿地全面调查的基础上，建立资源数据库。为了保证监测数据的精准可靠、合法有效，还要按期对监测仪器进行检定和维护，潍坊市于2011年7月开展了海洋观测环境变化情况、海洋观测设备安装和变化情况、海洋观测资料准确率、传输率情况等一系列监督检查，确保观测数据准确无误。除此之外还要对监测人员进行定时的技术培训，及时了解最新监测技术，掌握湿地动态变化，做好监测和预警工作。

8. 结论

（1）以莱州湾南岸弥河到白浪河的区域为研究对象，以2003～2016年14年为时间尺度，利用2003年、2007年、2011年和2016年4幅Landsat遥感影像图为信息源，建立湿地分类体系和解译标志，采用目视解译的方法，得到湿地面积信息。结果表明，从2003～2016年14年期间，莱州湾南岸研究区湿地总面积呈下降趋势，其中面积变化最大的是人工湿地。分类来看，盐田占总面积最大，潮上带低洼地占总面积最小。

（2）采用转移矩阵模型。结果表明自然演变均较小，而向人工湿地和建设用地转化的面积较大，说明人类活动在莱州湾南岸海岸湿地转换中影响较大。

（3）选取了景观指数的8个指标，利用景观格局分析软件Fragstats4.2，进行景观格局空间分析。结果表明，随着人口的增加以及经济利益的驱使下，建设用地和盐田规模扩张，盐田的斑块数量下降，但是面积依然最大，分布日益集中，说明区域连成一片。

（4）采用了加权平均法求湿地生态脆弱性综合评价指数EVI，参考已有研究成果，划分脆弱程度分级，建立并提取评价指标体系，得到2007年、2011年和

2016 年的生态环境脆弱性综合评价指标分别为 0.528、0.406 和 0.375，对应的评价标准分别为中度脆弱和轻度脆弱，脆弱程度有好转趋势。

（5）研究区当前问题的原因主要是由于海岸侵蚀与破坏，人工湿地围垦，湿地水资源不足以及过度开采沿海卤水资源造成，但是当地已经意识到这些问题，并采取了一系列措施保护当地生态环境，使得研究区实现可持续发展。

第八章 基于高光谱遥感莱州湾南岸环境地质指标监测

第一节 莱州湾南岸土壤有机质含量高光谱遥感监测

土壤是一种重要的自然资源，其质量的高低直接关系到国家粮食生产水平，因其复杂的时空变异性，使得精确获取土壤信息成为当前农业生产和环境评价的迫切需求（Ben-Dor et al., 2001）。而土壤有机质含量高低是衡量土壤质量的关键信息，传统上通过测点取样方式获取土壤的理化属性，需要花费较长的时间和巨大的成本，迫切需要低成本且能在大区域尺度上快速准确的有机质 SOM 估算方法。随着高光谱遥感技术的发展，高分辨率的反射光谱为地表属性的精确预测提供了重要的数据支持，越来越多的学者开始尝试使用定量遥感手段预测土壤中理化属性的含量，因其快速高效、准确和大范围的优点逐渐被接受，被认为是获取土壤理化数据最有效的手段。

基于反射光谱可以对土壤有机质等理化性质进行有效的预测。在化学计量学中反射光谱是对土壤中 SOM 等理化属性的量化体现，这种体现来源于有机质物质集合中的电磁辐射和分子键之间的相互作用。尽管在可见光（Vis）和近红外（NIR）范围内土壤光谱吸收比较弱，光谱曲线相对平缓，缺乏明显的特征，但是通过一定分析处理仍然能够产生比较准确的土壤组分预测方程。Bowers 等（2015）研究中第一次基于反射光谱建立预测模型用于不同类型土壤属性的制图，Krishnan 等（1980）也得出预测有机质的最优波段在 564nm 和 623nm，刘焕军等（2017）在研究中也发现中心波段在 445nm 和 570nm 处，光谱特征受到有机质含量的影响最显著。其他学者在研究中也得出可见光及近红外范围（350～1100nm）是估测有机质敏感区域，并且被证实大量的特征波段都可用来估算 SOM。

土壤反射光谱对有机质的估算模型，主要建立线性经验回归（MLR）和偏最小二乘法（PLSR）进行预测，而通过 Artificial Neural Network（ANN）作为预测模型的相关研究较少。MLR 和 PLSR 等传统的回归分析方法受数据本身质量的影响较大，如噪声和共线性等；而 BPN（Back Propagation Neural Network）模型结构简单，误差较小，运行速度快，可以通过拟合非线性方程提高精确度，在土壤理化属性的预测中具有极大的优势。高效的模型需要相应的数据进行匹配，BPN 在运行前需要对数据进行分类才能获得更高的精度。通常在波段信息中总会出现干扰变量来构成总变量的集合，这种现象通常被称为共线性，所以仅仅建立一部分波段与土壤某个属性之间的线性相关关系是无法达到最优的估算结果。光谱特征的选择可以很好解决这个问题，光谱特征可以增加有效光谱信息的权重，消除波段信息的噪声、共线性和冗余性，部分学者在研究中采用了 SPA、GA 和 GRA 等算法提取光谱特征，均使预测模型的效率和精度有所提高。主成分变换是解决回归分析中共线性问题的有效手段之一，可以将相关性较高的变量的信息综合成相关性低的主成分，同时减少回归参数。故在本次实验中，我们对敏感波段采取在主成分变换的基础上提取光谱特征，对光谱信息的来源分类进行判别分析，并探索 BPN 模型对 SOM 预测的有效性和稳定性。

本节的目标是提高模型的预测精度和应用能力，分别有：①评估原始和变换后的反射光谱信息，通过 PCA 变换可以对特征光谱进行定量化描述，判别光谱中 SOM 信息的来源，进一步构建光谱指数，比仅提供 PCA 结果在 MLR 和 BPN 模型中预测效果要好；②改进的 BPN 算法在预测效果上比传统 MLR 具更准确。所以通过实验中对光谱特征的判别分析，为基于高光谱影像的光谱特征的构建和建立高效的预测模型提供理论基础和方法支持，便于进一步实现有机质含量大面积快速精确监测。

一、样品采集及分析测试

1. 土壤采集、处理与分析

研究区位于莱州湾南岸滨海平原（图 8-1），在 36°37′N ～ 37°30′N 和 118°43′E ～ 119°42′E 范围内共采集 111 个样点，全区以平原为主，80% 以上为耕地，以种植玉米和小麦为主，北部土地存在轻微盐渍化，主要是种植棉花，土壤类型以潮土和盐化潮土为主。样点的设计原则是基于交通可达性在道路两侧农田内根据区域变异性和先验知识抽取。采集时间为 2016 年 6 月，此时采样农作物收割和播种的间隔时间内采样，可以减小环境因素对实测土壤反射光谱的影响。实验室中土壤有机质含量的测定采用高温外热重铬酸钾氧化－容量法（VOL），其统计描述特征如表 8-1

所示（Rossel et al.，2010）。

图 8-1 研究区位置及采样点示意图

表 8-1 土壤有机质含量统计描述特征

单位：%

样本布置	样点数	均值	最大值	最小值	中位值	标准差
总样本	111	0.73	3.82	0.09	0.81	0.48
校准样本	89	0.73	3.82	0.09	0.69	0.48
验证样本	22	0.77	1.36	0.15	0.85	0.31

111 个自然状态下土壤样点反射光谱的测定使用 FieldSpec HH（Analytical Spectral Devices，USA），在 2016 年 6 月上午 11 点～下午 2 点且在采集土壤样品前进行测定。FieldSpec HH 提供 Vis（325～780nm）和 NIR（781～1075nm）两种探测方式的测定，光谱分辨率为 1nm。在测定时激光探头保持距地表 10cm 且需要连续获取 10 条光谱，在测定前和测定 50 条光谱后，进行白板校正，保证得到完全反射率并减少噪声，每个采样点 5 处共得到 50 条光谱，作算术平均后得到土样实际的反射光谱数据。

2. 光谱预处理和特征光谱提取

对原始光谱进行平滑和一阶倒数变换处理可以突出和增强反射光谱所包含的有

机质信息。首先，将每个样点获得的 50 条反射光谱平均处理，处理软件采用 ASD 自带的 ViewSpecPro 4.07；然后，在 Envi 5.1（Exelis Visual Information Solutions，Boulder，USA）中对原始光谱进行平滑去噪处理；最后反射光谱经过一阶导数变换后与有机质进行相关性计算（SPSS 19.0, IBM, USA），根据波段间隔（Δ =50nm）和相关性的大小（$r > 0.4$）提取敏感波段。

选取合适的光谱特征，提高对土壤信息的敏感性并且对其他环境组分不响应，可以有效地提高预测精度，这在复杂的地表系统下实现是极其困难的，但是可以基于主成分的变换结果引入一些算法组合去提高预测精度。Åsmund 等（2009）在研究中发现，土壤反射率不仅仅是土壤理化属性和过程的集中体现，微环境也控制实测光谱的变化特征。对于土壤有机质含量的高低，土壤颜色是一个重要的特征，引入与表征颜色指标密切相关的植被光谱特征和水汽光谱特征，在建立模型时将植被光谱特征和水汽光谱特征作为输入项以提高模型预测精度。对获取到的 13 个敏感波段在 SPSS 软件中进行主成分分析，一般来说，主成分特征值大于 1 和方差贡献达到 90% 以上即可作为主要分量的标准，为尽可能多挖掘潜在有效光谱信息，共提取到 6 个主成分并在对其光谱分析的基础上建立了光谱特征指数。光谱特征指数构成形式通常以差值、比值和归一化指数为主，归一化指数更适合 PCA 变换后的引入。在 Vis-NIR 范围对部分特征波段（R_{491}、R_{670}、R_{725}、R_{800}）进行差值和比值变换，得到水汽光谱调整指数（DI_1）和植被光谱调整指数（DI_2）。上式中 $\lambda_1 = R_{670}/R_{700}$ 和 $\lambda_2 = R_{670}/R_{825}$，SOM 与导数光谱之间的相关系数是 R_i，R_j 是特征值大于 1 的主成分在分量上的载荷值。DI_1 如式 8-1 所示，DI_2 如式（8-2）所示：

$$DI_1 = \lambda_1[\max R_i - R_j(\max R_i - R_j)] \quad j \in (600, 601, \cdots, 1075) \tag{8-1}$$

$$DI_2 = \lambda_2[R_j(\max R_i - R_j) - \max R_j(770 \leqslant j \leqslant 870)] \quad j \in (600, 601, \cdots, 1075) \tag{8-2}$$

3. 模型建立与验证

实验中建立线性和非线性两种模型进行分析比较得到更适合进行有机质预测的模型，分别是基于经典统计学和最小二次拟合法的多元逐步回归（MLR）和基于非线性差分函数权值训练的误差反向传播神经网络（BPN）。为能准确评价模型的预测精度和效果。首先我们将样品按照系统抽样法分为校准部分和验证部分，分别包含 89 个样点和 22 个样点。通常我们选择（determination coefficients）R^2、RMSE（root mean square error）和 RPD 值来评价模型的预测精度和效果。R^2 和 RMSE 分别用来评价解释因变量程度和精确度的能力，R^2 越大（$0 \leqslant R^2 \leqslant 1$）和 RMSE 越小意味着模型拟合性和稳定性越好，一般来说，稳定可靠的模型是更高的 R^2 对应着更低的 RMSE。RPD 值大小是衡量预测模型能力的一个重要指标，其意义是表征预测模型相对于仅使用均值而提高精度的能力，一般来说，RPD 越大，预测的结果越容易接近实测值，而低于 1，意味着模型难以对土壤有机质含量做出预测。

二、结果与分析

1. 土壤有机质反射光谱分析

土壤反射率是有机物、无机物和水等物质组合所产生的光谱的累积性质，同时也包含了局地微地貌的特征信息，在一定程度上，反射率可以用土壤性质的改变来解释。图 8-2 展示不同有机质含量下土壤的光谱反射率，从中可以看出土壤光谱曲线的大致特征均呈现较平滑的上升趋势，在可见光部分曲线斜率大于近红外部分，上升更快；在 350nm 附近存在明显的下凹吸收峰，在 600nm 附近存在一个较陡的反射峰，而反映有机质的光谱曲线陡坡应该在 800nm 处，因此可能存在着土壤有机质的轻微退化，与刘文全等（2014）研究中得出此研究区内存在着轻微的盐渍化的结论一致；此外不同有机质含量土壤光谱曲线趋势大致相同，且随着有机质含量的增加，反射率降低，这些明显光谱特征差异都为建立有机质预测模型提供基础。

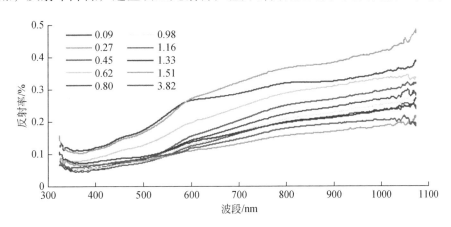

图 8-2　不同有机质含量下土壤的光谱反射率

2. 光谱特征分析与构建

将反射光谱与有机质进行相关分析，发现相关系数绝对值较小且变化幅度不大，难以区分敏感波段，而将反射光谱进行一阶导数变换后相关系数正负交替变化，数值存在较大差异，可以根据相关系数值的大小判断出特征波段（图 8-3）。

图 8-3 中可以发现相关系数 $r > 0.4$ 时已经属于较高层次，因此作为指标选取的一个重要参考。在 SOM 与一阶导数光谱保持高相关性前提下，选择的敏感波段保持 $\Delta = 50nm$ 间距下涵盖可见光和部分近红外光谱范围内的信息，并且不包含在噪声波段和水吸收峰波段范围内，选取了 13 个相关性较高的波段，对应的中心波长分别为 345nm、491nm、594nm、627nm、718nm、723nm、748nm、810nm、873nm、889nm、931nm、981nm 和 1075nm（图 8-3）。

对特征波段进行主成分分析后提取到前 6 个主成分。表 8-2 可以看出，R_{627}、R_{718}、R_{723}、R_{748}、R_{889} 和 R_{1075} 载荷值在主成分 1 上较大，所包含的光谱信息与第一主成分相关性最强，这说明主成分 1 所代表的信息集中在红波段和近红外波段上，R_{491}、R_{931} 和 R_{981} 的载荷值在主成分 2 上较大，其他波段在主成分 2 上的载荷值较小，表明蓝波段和近红外波段的信息主要反映此主分量上，主成分 3 的信息集中在 R_{491}、R_{810} 和 R_{873}，载荷值较高的波段来源自蓝波段和近红外波段附近，主成分 4、5 和 6 的有效信息来自 R_{873}、R_{1075} 和 R_{345}，故可以判定敏感波段中有机质相关的光谱信息主要来可见光波段至近红外波段附近处（600～900nm）。

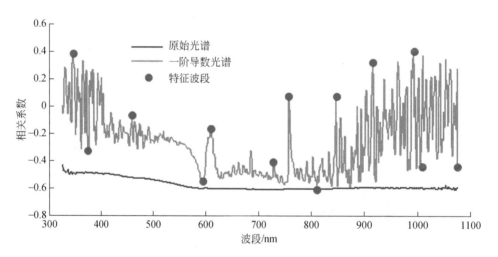

图 8-3 有机质含量与原始光谱、一阶导数光谱相关关系曲线

表 8-2 主成分各分量贡献及载荷值

特征波段	主分量					
	1	2	3	4	5	6
R_{345}	-0.759	0.377	0.425	0.019	0.273	0.0877
R_{491}	0.590	0.640	-0.419	0.140	0.180	-0.0077

特征波段	主分量					
	1	2	3	4	5	6
R_{594}	0.882	0.295	−0.136	−0.236	−0.138	0.0430
R_{627}	0.941	0.272	−0.014	−0.116	−0.090	−0.0071
R_{718}	0.984	0.020	0.061	0.080	−0.024	−0.0236
R_{723}	0.967	0.149	0.100	0.098	0.013	−0.0020
R_{748}	0.987	0.008	0.061	0.037	−0.005	−0.0002
R_{810}	0.849	0.078	0.464	−0.029	−0.067	−0.0679
R_{873}	0.911	0.022	0.204	0.068	0.036	−0.1941
R_{889}	0.906	−0.132	−0.042	−0.160	0.196	−0.0795
R_{931}	0.774	−0.430	−0.101	0.416	0.044	0.0060
R_{981}	0.751	−0.503	−0.100	−0.296	0.212	0.0427
R_{1075}	0.910	−0.040	0.107	0.053	−0.025	0.3681

3. 土壤有机质含量 PCA-MLR 和 PCA-BPN 模型预测

应用主成分提取到光谱特征作为 MLR 模型的输入自变量，有机质的含量为因变量，得到 PCA-MLR［图 8-4（a）］，在将植被水汽光谱特征加入自变量后，得到 PCA-DI-MLR［图 8-4（b）］，PCA-DI-MLR 的预测值曲线与实测值曲线更加吻合，预测效果较好，而 PCA-MLR 曲线整体上比较平滑，变化幅度较小，对极值点无法进行有效反演；同样的，在 BPN 模型将光谱特征（ DI_1 与 DI_2 ）作为输入，有机质的含量作为训练目标，训练后分别得到最优 PCA-BPN［图 8-4（c）］和 PCA-DI-BPN［图 8-4（d）］，PCA-BPN 总趋势上也呈现较小的变化幅度，对极小值点的预测较为精确，但在极大点上预测误差较大，预测值曲线的走向与实测值基本一致，PCA-DI-BPN 模型中，预测值与实测值曲线拟合的效果最好，曲线的趋势走向也基本一致，BPN 模型非线性拟合优势体现较为明显，对极值点的预测误差也最小，证明了本书建立的 PCA-DI-BPN 可以有效地对土壤有机质含量进行预测。

4. 模型对比分析

从图 8-5 不同模型拟合效果图可以看出，PCA-DI-BPN 模型的土壤有机质预测值与实测值的拟合效果最好，预测值曲线与实测值曲线的走向基本一致，预测值的误差最小。图 8-6 为有机质预测值与实测值相关关系图，可以看出基于 MLR 建立

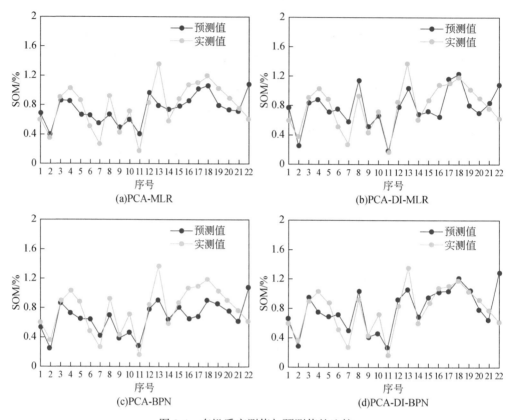

图 8-4　有机质实测值与预测值的比较

的 PCA-DI-MLR 模型决定系数 R^2（0.712）大于 PCA-MLR R^2（0.643），而 PCA-DI-MLR 模型的均方根误差 RMSE（0.963）小于 PCA-MLR（1.085）的 RMSE，说明 PCA-DI-MLR 的预测精度要高于 PCA-MLR，相对于 PCA-MLR 引入水汽植被光谱特征（DI）后 R^2 提高 14%、RMSE 降低 10%，提高了模型预测精度；同样的，图 8-6 可以得出 PCA-BPN 和 PCA-DI-BPN 的决定系数 R^2 和均方根误差 RMSE 分别为 0.704、0.764 和 0.166、0.104，BPN 模型在训练过程中，可以保持数据稳健性和抑制特异质，使预测模型的误差值 RMSE 降低 38%，达到较高的预测水平；基于 PCA-BPN 和 PCA-MLR 的预测模型 RPD 值分别为 1.419 和 0.471，相对比来说，基于 BPN 的预测模型可使 RPD 值整体提升 0.9 左右，对有机质的预测估算是可靠的，而 PCA-MLR 模型的精度提升效果低于 PCA-BPN 模型，预测能力有待提升；引入水汽植被光谱特征后 MLR 和 BPN 模型的预测结果均有所提升，MLR 模型中的 RPD 值提升了 0.7，提升效果大于 BPN 模型的 0.2，表明光谱特征在 MLR 模型中更为适合效果更好。图 8-5 和图 8-6 中可以得出，PCA-DI-BPN 模型的 R^2、RMSE 和 RPD 值分别为 0.764、0.161 和 1.590，对不同模型的预测效果对比分析得出，PCA-DI-BPN 模型预测值与实测值曲线基本吻合，在相关性分析中有机质含量点基本分布在趋势线的两侧，所以本模型能实现对有机质的较准确预测。

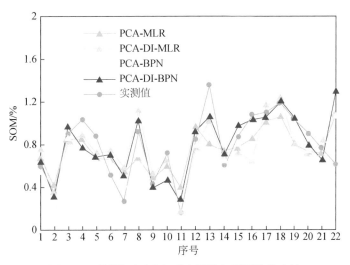

图 8-5　不同模型下有机质实测值与预测值的比较

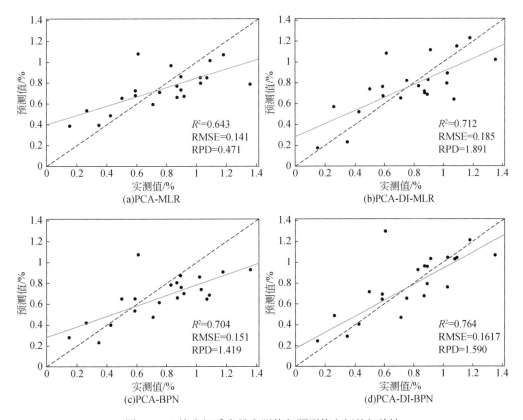

图 8-6　土壤有机质含量实测值与预测值之间的相关性

三、讨论

土壤有机质含量的快速无损估测对耕地质量评价、精准农业可持续发展、高分辨率土壤数字化制图等方面具有重要意义。本书通过波段间隔（$\Delta=50nm$）和相关性大小（$r>0.4$）筛选得到敏感波段进行主成分分析，消除共线性和进一步分析判识光谱信息的来源，波段间进行算法运算构建植被和水汽光谱特征，既减少变量数，又在 BPN 模型中得到最精确的预测效果。

通过提取到主成分光谱特征后进行分类判别，引入光谱特征（DI_1 和 DI_2）后建立预测模型结果优于原模型。特征波段实质是有机质组分（纤维素、木质素和果胶等）的光谱吸收特征的一个叠加表现，通过一些特征波段建立预测模型，特征波长的间隔过小果断导致信息冗余和共线性，间隔过大则会导致光谱信息不足以用于 SOM 的估计，推广到遥感影像上应用更加困难，所以我们选择光谱特征组去识别 SOM 的信息进行反演预测。主成分分析和典型自相关分析经常应用在环境污染物来源识别上，同样也有助于帮助判断选择出的光谱特征来源于土壤系统功能集合。在 6 个主要分量上的特征信息与 R_{345}、R_{491}、R_{718}、R_{723}、R_{748}、R_{873}、R_{810}、R_{931} 和 R_{1075} 体现出较高的相关性，这些信息 90% 以上来自近红外波段，这与 Brown 等（2006）在对 SOM 反演预测时所得到的敏感波段区域（$700\sim1100nm$）结论一致，表明了提取到的光谱特征是有效的。Rossel 等（2010）发现了在近红外波段内的光谱特征是由 C-O、C=O、N-H、O-H、C-H bonds 组合反应的结果，所以说 SOM 在 NIR 附近的光谱特征，实际上是由这些化学键组分相互作用体现的。$627\sim748nm$ 之间的敏感波段 94% 以上的信息集中在第一主成分，所以说在此波段区间内的光谱信息可以作为 PC1 的典型代表，Ben-Dor 研究指出，在 664nm 附近土壤光谱曲线的吸收特征主要来自叶绿素等颜色残留物，但光谱特征仅仅在前两周比较明显，随着时间变化不断分解，光谱特征不断减弱。本次实验收集光谱的时间也为冬小麦收割后一周，土壤有机质中的色素残留物含量较高，可以判断第一主成分代表着有机质中的色素残留物。R_{889}、R_{981} 和 R_{1075} 波段在 PC2 上的信息贡献量为负值，光谱的反射峰在此主成分上可能占据主导作用，本区域内存在着轻微的土壤盐渍化，土壤中盐分决定此光谱指数，盐分的光谱信息一定程度上掩盖了 SOM 的信息，影响到有机质信息准确提取，PC2 所构建的光谱特征，在 MLR 和 BPN 模型中起到的作用最小；PC3 的信息在 $345\sim600nm$ 和 810nm 处相关性较高，可见光波段的信息决定 PC3，Ladoni 等（2010）在研究中得出，在有机质估算中可见光区域内的反射率主要由发色团和腐殖酸的浓度决定，PC4 和 PC6 上各波段的信息集中在近红外波段，Shi 等（2014）的研究表明 700 ～ 1100nm 存在着 C-H 和 O-H 的敏感波段，因此主成分 4 和 6 将表征 SOM 中水汽和矿渣相关物质，样品在采集时表层土壤干燥，故水汽在本次实验中未占据主要信息；PC5 的所包含的信息分布特征不明显，极有可能与灰分物质有关，进一步做出详细的推断较为困难，将其归为受到土壤环境人为的信息集合。

MLR 和 BPN 的预测精度受到研究区一些环境属性（大气、盐分、粒度黏度和土壤生物化学过程等）和人为因素（样点布设等）的影响。不同地区土壤的成土条件、成土母质、成土过程具有区域独特性，区域内土壤属性和微地貌属性无法都被考虑进去，这些变量在异质区域会显著影响到 MLR 和 BPN 的性能，所以在 SOM 的预测中光谱信息的优化选择和模型匹配可能是提高现场估测精度的一项重要的工作；此外新引入的植被和水汽光谱特征作为表征土壤颜色新的自变量，是否与其他主成分产生共线性，进而影响 BPN 模型的精度，未进行深入的验证。本实验在莱州湾南岸滨海平原采集土壤样本，考虑到地区内成土过程、地质构造和植被覆盖，进行实地光谱采集与分析并建立预测模型，获得较高的预测精度，但所建立的模型应用到高空影像有待进一步深入研究。

四、主要结论

（1）在选取特征波段时，经过变换的一阶导数光谱与有机质的相关性比原始光谱与有机质的相关性高并且区分度大，其所获得对应的中心波长为 345nm、491nm、594nm、627nm、718nm、723nm、748nm、810nm、873nm、889nm、931nm、981nm 和 1075nm 处，在此基础上经过主成分变换得到 6 个主要分量并且提取到植被光谱特征和水汽光谱特征。

（2）经过对变换后的主成分光谱特征分析，主成分 1 主要是有机质中叶绿素分解残留物的重要光谱特征，主成分 2 受到盐渍化土的影响表现出了盐分为主的光谱特性，主成分 3 的光谱特征信息腐殖质中的发色团和腐殖酸高度相关，主成分 4 和 6 所表现的光谱特征与土壤中的水汽和生化过程有关，主成分 5 的所包含的信息分布特征不明显，进一步做出详细的推断较为困难，将其归为受到土壤环境人为的信息集合。

（3）基于 6 个主成分作为自变量所建立的 BPN 模型预测精度优于 MLR 模型，其 R^2 分别为 0.704 和 0.643，将水分和植被光谱特征指数作为自变量增加到预测模型后，MLR 和 BPN 的预测精度分别提高了 6.1% 和 5.2%，R^2 达到 0.712 和 0.764，但光谱特征指数对 MLR 模型预测精度提升效果优于 BPN 模型；将光谱主成分和光谱特征指数作为自变量的 BPN 模型进行土壤有机质预测可得到精度较高的预测结果。

第二节　莱州湾南岸土壤重金属来源与空间分布研究

目前，土壤重金属的研究已在发达国家广泛开展，但发展中国家关于重金属的研究却很少。中国正经历着经济和社会的快速转变，工农业的现代化水平不断提升，在过去 30 多年的时间里，工业生产产生的废弃物以及农业中化肥和农药的使用，使土壤中的重金属不断累积，不仅造成农田土壤中重金属浓度的提高，污染农作物，还可以通过人的呼吸和皮肤接触等方式对人体产生危害。重金属形态多变并且难以降解，可以从诸多方面改变土壤的性质。一方面造成严重的土壤污染，并且威胁生物在土壤中的生命活动；另一方面可经由食物链的传导进入人体，进而导致人类健康风险加大。因此，研究土壤重金属的含量特征及来源，并评价重金属造成的环境风险，可作为区域土壤质量评价和修复的依据（王菲等，2016）。

土壤重金属含量主要受到自然地质背景和人类活动的影响。自然地质背景表明重金属含量从成土母质中获得，但近年来人类活动已成为重金属污染的主要驱动力，如煤炭燃烧、汽车尾气和工业排放、矿业开采以及化学肥料的使用等，对土壤重金属富集的贡献与日俱增。多元统计分析是探究土壤重金属自然和人为来源的有力工具。近年来，多种多样的多元分析方法已被广泛应用到土壤、沉积物和粉尘中重金属来源的识别（吕建树等，2012）。主成分分析在研究土壤重金属来源方面十分有效，可以同时分析所有元素，从中选取需要的较少的综合变量与原有的分析项目建立相关关系，已被广泛引用到土壤重金属的研究中。此外，地统计分析是研究土壤重金属的空间分布的有效方法。地统计分析在空间预测与不确定性分析方面具有显著优势，将变异函数和克里格插值估计相结合，可以预测土壤重金属的空间分异状况，并且进行可视化表达。将多元统计和地统计分析作为共同的研究手段，有助于解释土壤重金属的来源及空间分布。

随着黄河三角洲高效经济区升级为国家战略，莱州湾南岸区域逐渐显示出较快的开发速度，但研究区也存在一些环境问题，海水倒灌是本地区较为严重的环境灾害之一。本书在 111 个土壤采样点基础上（图 8-1），测试了土壤的 8 种重金属（Co、

Cr、Cu、Hg、Mn、Ni、Pb 和 Zn）含量。对土壤重金属的来源采用多元统计方法来分析，并应用地统计的方法来探讨重金属空间上的分布状况，为研究区土壤重金属的生态风险监测、预报和修复提供指导。

一、土壤重金属含量描述性统计

表 8-3 为研究区中 8 种重金属含量的描述性统计。Co、Cr、Cu、Hg、Mn、Ni、Pb 和 Zn 的平均值分别为 10.3mg/kg、71.9mg/kg、21.0mg/kg、0.0448mg/kg、525.4mg/kg、27.5mg/kg、23.5mg/kg 和 62.3mg/kg，均未超过国家二级标准值。除了 Co 的含量低于山东省滨海沉积物母质的土壤背景值外，其余 7 种重金属元素的平均值均高于滨海沉积物母质土壤背景值，其中 Cu、Hg、Pb 和 Zn 的最大值分别为背景值的 9.69、81.92、3.82 和 11.77 倍，这说明这 4 种重金属元素在土壤中存在一定的富集。同样的，Cu、Hg、Pb 和 Zn 4 种元素的变异系数均达到了高度变异，说明这些元素的可能受到人为干扰出现数据分布不均匀。

表 8-3　研究区土壤重金属含量描述性统计　　　　　　单位：mg/kg

	最小值	最大值	均值	标准差	变异系数	偏度	峰度	背景值	土壤环境二级标准
Co	3.3	20.0	10.3	3.69	0.36	0.46	-0.34	12.8	—
Cr	11.1	110.1	71.9	18.28	0.25	-0.39	0.51	58.1	300
Cu	5.3	179.1	21.0	19.92	0.95	5.59	39.37	18.5	100
Hg	6.9	1416.4	0.0448	135.42	3.03	9.67	98.05	17	0.5
Mn	61.8	955.7	525.4	154.75	0.29	0.20	0.84	425.1	—
Ni	10.9	101.2	27.5	12.59	0.46	2.20	9.80	22.7	50
Pb	9.7	85.8	23.5	8.44	0.39	4.85	32.02	22.4	300
Zn	28.9	598.0	62.3	54.50	0.88	8.83	86.69	50.8	250

二、相关性分析

表 8-4 为研究区重金属元素之间的相关系数。重金属元素 Co-Cr、Mn-Co、Ni-Co、Mn-Cr、Ni-Cr、Ni-Mn 之间的相关系数分别为 0.864、0.888、0.687、0.890、0.506 和 0.488（表 8-4），并且通过了 0.01 水平的检验，说明 Co、Cr、Mn、Ni 两两之间的相关性较高，可能具有相同的来源。一般来说，均为铁族元素，原子半径较为相似，存在一定的相关性，这与吕建树等（2012）、Lv 等（2013）的研究相一致。

Cu-Pb、Cu-Zn 之间的相关性分别为 0.875 和 0.640，说明可能具有相同的影响因素，这 3 种元素均具有亲铜性，进而展示出相似的性质。Hg 为相对孤立的元素，与其他元素的相关性较小，这与 Lv 等（2013）的研究相一致。

表 8-4 研究区土壤重金属相关系数

	Co	Cr	Cu	Hg	Mn	Ni	Pb	Zn
Co	1	0.864**	0.190*	0.154	0.888**	0.587**	0.125	0.314**
Cr	0.864**	1	0.062	0.159	0.890**	0.506**	-0.02	0.278**
Cu	0.190*	0.062	1	0.435**	0.056	0.722**	0.857**	0.640**
Hg	0.154	0.159	0.435**	1	0.138	0.091	0.340**	0.320**
Mn	0.888**	0.890**	0.056	0.138	1	0.488**	0.027	0.276**
Ni	0.587**	0.506**	0.722**	0.091	0.488**	1	0.331**	0.358**
Pb	0.125	-0.02	0.857**	0.340**	0.027	0.331**	1	0.542**
Zn	0.314**	0.278**	0.640**	0.320**	0.276**	0.358**	0.542**	1
Fe	0.910**	0.917**	0.117	0.116	0.968**	0.575**	0.084	0.278**
ph	-0.187*	-0.196*	-0.186	-0.092	-0.162	-0.232*	-0.114	-0.159
有机质	0.364**	0.347**	0.487**	0.682**	0.343**	0.334**	0.466**	0.748**
全N	0.296**	0.287**	0.470**	0.897**	0.279**	0.217*	0.402**	0.920**
粒度	0.468**	0.389**	0.06	-0.069	0.511**	0.300**	0.146	0.046
CEC	0.423**	0.406**	0.193*	0.218*	0.421**	0.367**	0.129	0.284**

** 相关系数在 0.01 水平上差异显著，* 相关系数在 0.05 水平上差异显著。

三、主成分分析

根据主成分分析的结果（表 8-5），可以辨识出 3 个主成分，累计解释了 93.8% 的数据总方差。主成分 1（PC1）的方差贡献率为 44.8%，Co、Cr、Mn、Ni 和 Fe 在 PC1 有较大的载荷，分别为 0.939、0.953、0.968、0.538 和 0.981，这些元素均为铁族元素，存在较大的数据相关性，其平均值均接近于山东滨海母质土壤背景值（表 8-3），与粒度、CEC 等土壤性质的相关性较高（表 8-4），受到母质的影响，PC1 为自然源因子。一般来说，Cr 和 Ni 在基性矿物中的含量远高于其他矿物。Lv 等（2015）以及 Rodríguez Martín 等（2013）在日照和西班牙 Ebro 的流域发现 Co、Cr、Mn 和 Ni 等元素均为受到成土母质的控制。因此 Co、Cr、Mn 和 Ni 为自然来源受到成土母质的控制。

表 8-5　主成分分析结果

重金属元素	PC 1	PC 2	PC 3
Co	0.939	0.137	0.058
Cr	0.953	−0.014	0.084
Cu	0.044	0.925	0.295
Hg	0.081	0.161	0.974
Mn	0.968	−0.002	0.069
Ni	0.838	0.390	−0.102
Pb	−0.016	0.919	0.208
Zn	0.225	0.806	0.274
Fe	0.981	0.08	0.028
特征值	4.037	2.539	1.87
方差贡献率 /%	44.851	28.207	20.775
累计方差贡献率 /%	44.851	73.058	93.833

主成分 2（PC2）的方差贡献率为 28.2%，Cu、Pb 和 Zn 在该主成分上有较大载荷，分别为 0.925、0.919 和 0.806，存在一定的相关性，说明受到成土母质的影响；但是最大值超过土壤背景值，可能受到人为来源的影响，因此 Cu、Pb 和 Zn 主要为自然和人为的混合源因子（刘琼峰等，2013）。化肥施用和动物粪便的施用是土壤中 Cu 和 Zn 的重要来源。磷肥中 Cu 和 Zn 的平均值分别为 26mg/kg 和 236mg/kg，施用磷肥可造成 Cu 和 Zn 的富集，氮肥中的 Cu 和 Zn 含量相对较低。Cu 和 Zn 常作为禽畜饲料的添加剂，通过不完全的吸收，进而进入到动物粪便中；成年猪的粪便中 Cu 和 Zn 的含量分别分别为 679mg/kg 和 1570mg/kg，仔猪粪便中的 Cu 和 Zn 含量更是分别达到为 892mg/kg 和 3200mg/kg。铜基农药的施用也可以造成土壤中 Cu 富集。煤炭燃烧和汽车尾气排放是土壤中 Pb 的重要来源。研究区有多个热电厂，煤炭燃烧产生的粉煤灰 Pb 含量可达为 139.4mg/kg；尽管发电厂都有除尘设备，但仍然有一定比例的粉煤灰逃逸，沉降到周围土壤中。四乙基铅常作为汽油的抗爆剂，尽管我国 2000 年已经全面禁用含铅汽油，但汽车尾气排放对土壤中 Pb 累积的影响仍存在于土壤中。Zn 是汽车轮胎硬度添加剂，汽车轮胎磨损会产生含锌粉尘。污水灌溉也是造成土壤重金属富集的原因，工业废水中含有大量的重金属元素，虽然经过处理但仍然有残留，我国 2000 ～ 2010 年污灌污水 Cu、Pb 和 Zn 的平均值为 2.0mg/L、0.51mg/L 和 3.8mg/L。很多前人的研究证实了这一点。吕建树等（2012）对山东省莒县的研究表明 Cu、Pb 和 Zn 受到人为和自然来源的双重影

响，工业、交通活动和农业活动是主要的人为来源；Franco-Uria 等（2009）对西班牙西北部的牧草地的重金属进行了研究，发现 Cu、Pb 和 Zn 主要为人为来源；Rodríguez Martín 等（2013）在西班牙 Ebro 的流域的表明密集的农业活动显著影响 Cu、Pb 和 Zn 的含量；Dai 等（2015）的研究表明 Pb 和 Zn 被分在同一主成分，在地方尺度（local scale）上受到人类活动的影响；Cai 等（2012）的研究表明 Pb 和 Zn 在第一主成分有较大载荷，为人为源元素。因此，PC2 代表了混合源因子。

主成分 3（PC3）的方差贡献率为 20.8%，Hg 的因子载荷为 0.974（表 8-5）。Hg 的平均值均高于背景值，最大值分别为土壤背景值的 81.92 倍；并且 Hg 与粒度、CEC 的相关性较低，说明 Hg 为人为来源的元素。煤炭燃烧、化工产业是 Hg 的主要来源。研究区内有多个电厂，Hg 相比于其他重金属是易挥发的元素，电厂的除尘器很难捕捉，易排放到大气中。氯碱厂和石油化工厂也是造成土壤中 Hg 积累的重要因素，石法聚氯乙烯需要汞触媒，氯碱生产需要汞的参与，这些均可造成 Hg 的泄露。Hg 是主要来自于人为源的元素，人类排放的 Hg 占到全球排放总量的 60%～80%；Hg 在大气中是一种很稳定的元素，一定气压条件下可以在大气中存在 0.5～2.0 年，主要通过大气干沉降和湿沉降进入土壤中。因此，PC3 代表了煤炭燃烧和化工等工业活动来源。

四、重金属空间分布研究

普通克里格技术是无偏预测，要求数据符合正态分布；Kolmogorov-Smirnov（K-S）检验是分析数据是否符合正态分布的有力工具。K-S 检验表明 Cr、Co、Ni 和 Mn 符合对数分布，可直接进行克里格插值；对 Cu、Hg、Pb 和 Zn 进行对数变化后均符合正态分布，然后进行变异函数拟合和插值。变异函数理论模型主要包括指数、高斯、球状和线性等模型，主要参数包括块金常数（C0）、基台值（C0+C）、变程（range）、决定系数（R^2）和残差（RSS）等。块金常数和基台值的比值 [（C0/（C0+C）] 代表参数的空间自相关性，可以反映自然和人为因素的作用；若 C0/（C0+C）< 0.25，表明变量的空间变异以结构性变异为主，变量具有强烈的空间相关性；当 0.25 ≤ C0/（C0+C）< 0.75 时，变量为中等程度空间相关；而 C0/（C0+C）≥ 0.75 时，以随机变量为主，变量的空间相关性则很弱。决定系数（R^2）表示理论模型的拟合精度（Kirshnan et al.，1980）。

由变异函数理论模型拟合的结果可知，Co、Cr 和 Cu 的变异函数理论模型均符合指数模型，Hg 和 Pb 符合球状模型，而 Ni、Mn 和 Zn 符合高斯模型，各变量的有效变程介于 5720～53300m。除 Zn 之外，所有元素的决定系数均大于 0.562，而 RSS 均较小，说明理论模型的选取基本符合要求。Cr、Co、Ni 和 Mn 的块金值／基台值均小于 0.25，这些元素的空间变异以土壤母质、地形等结构性变异为主；Pb、Zn、Hg 和 Cu 的块金值／基台值介于 0.25～0.75，具有中等的空间相关性，可能受到随机因素的影响。

在变异函数拟合的基础上，对研究区土壤重金属含量进行普通克里格插值（图 8-7）。研究区土壤 Co、Cr、Cu、Mn、Ni、Pb 和 Zn 呈现出东北低、东南高的特点，主要是东北部成土母质为海积物，东南部和南部为冲洪积物，冲洪积物发育的土壤重金属含量显著高于海积物发育的土壤，这与吕建树（2012）在江苏海岸带的研究和日照的研究相一致，说明成土母质控制的这 7 种重金属元素的总体分布格局。Hg 的高值区位于东部和南部，主要与盐化工企业和化工企业的分布格局一致。Cu、Pb 和 Zn 的高值区域与工业区所在的区域基本一致，多条公路穿过高值区域，工业"三废"和汽车尾气排放造成了 Pb、Cu 和 Zn 的高值区。Co、Cr、Mn 和 Ni 的空间分布与工业企业等污染源的位置没有直接对应关系，一般来说，可以认为主要受土壤母质的控制。

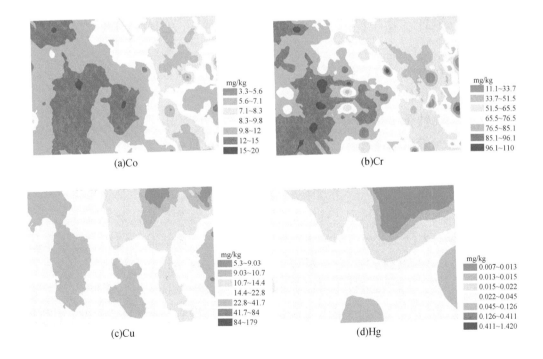

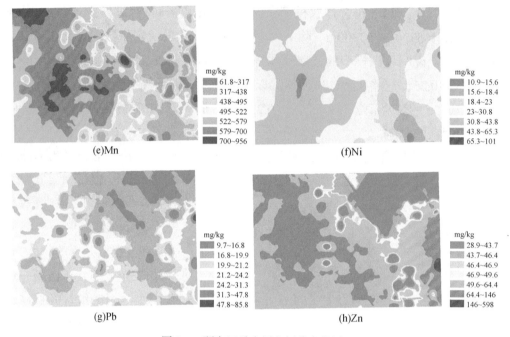

图 8-7　研究区重金属空间分布格局

第三节　莱州湾南岸土壤铜高光谱反演

　　土壤系统作为地表生态系统中重要组成部分，在各类生命活动中起着基础的媒介作用，同时也是各类重金属富集的重要场所。不合理的工农业生产方式使重金属在土壤内聚集（韩兆迎等，2016；Ladoni et al.，2010），且其半衰期长，自然不易降解，较高含量的重金属易进入食物链后危及生物群落，对国家食品安全产生不利影响。因此，土壤中重金属的污染和扩散在环境管理中受到极大关注，实现对重金属的快速准确检测，可为土壤环境评价和治理提供依据。

　　对土壤重金属含量的测定，传统需要实验室内一系列繁琐复杂的操作，费时费力，难以实现对大区域的重金属含量的实时快速测定。随着高光谱技术的发展，高光谱分辨率的影像能够提供大量土壤理化属性信息，这为识别和评估土壤内重金属含量提供了基础。光学遥感技术可以利用土壤反射光谱特征来监测土壤属性信息，相关研究也表明利用光谱特征可以对重金属含量进行准确预测，例如：Fe、有机质、Cr 和 Cd。此外，尽管土壤中重金属浓度值较低含量特征并不明显，但是外源输入的重金属仍然会对土壤光谱特征产生细微的变化。因此，通过对光谱平滑处理和一阶导数变换，并与具有潜在危害的重金属含量进行相关分析，利用光谱特征建立预测模型对土壤中的重金属含量进行估算。

　　本书中，将以土壤高光谱数据为基础，通过相关性分析获取特征波段，以特征波段为自变量，实测铜金属含量值为因变量，建立多元逐步回归（MLR）和偏最小二乘法（PLS）回归预测模型，并对模型进行精度验证，以期建立一个有效可靠的土壤重金属估算方法，也为以后利用机载影像和高空影像快速高效的重金属含量制图提供理论基础和模型支持。

一、材料与方法

1. 样品获取与处理

　　研究区位于山东省潍坊北部平原（图 8-8），大致范围在 37°30′N ～ 36°37′N和 118°43′E ～ 119°42′E 内，气候类型为暖温带季风性气候，土壤类型以棕壤、潮土和褐土为主，90% 以上区域适宜耕种。综合考量土地利用类型、地质地貌和道路通达性等因素后共布设了 52 个样点，样点内按照梅花状取样将获得的 5 处样品混合至 1kg，实验室风干、研磨、过 2nm 筛；采用电感耦合等离子体原子发射光谱法（ICP-OES）测得土壤内 Cu 元素的含量。

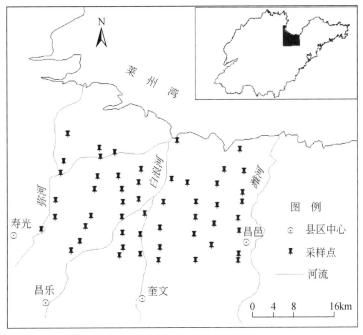

图 8-8　研究区及样点示意图

2. 高光谱测定

土壤高光谱数据获取自 FieldSpec HH 地物光谱仪（ASD，USA），光谱仪采样间隔为 1nm，光谱分辨率为 3nm，设备响应波谱范围 325 ～ 1075nm，在实验室暗室内对土壤反射光谱进行测定，每份样品采集 10 次光谱，进行算术平均获得样品光谱反射率。

3. 特征波段获取

经过降噪处理后的原始光谱曲线较为平滑，光谱特征不明显，王菲等（2016）在研究中发现，对原始光谱进行一阶导数处理，可以增强土壤中微弱信息的光谱特征，使光谱曲线变化幅度加大，正负交替出现，有助于发现特征波段。首先对原始光谱进行一阶导数处理，如式（8-3）所示；其次，对 52 个样本的 Cu 元素含量值与一阶导数光谱数据逐波长地进行相关性分析，计算出每个波长与 Cu 元素含量值的相关系数；最后，选取相关系数较高（$r > 0.4$）或突变的波长作为敏感波长。

$$[1/R(\lambda_i)]' = \frac{1/R(\lambda_{i+1}) - 1/R(\lambda_{i-1})}{2\Delta\lambda}$$ （8-3）

4. 模型建立于验证

在 52 个样本中，随机选取 36 个样本作为建模样本集，分别建立多元逐步回归模型和偏最小二乘法模型，此外，保留 16 个土样用作模型验证样本集，评判预测模型的估算效果。土壤重金属预测模型的估算精度采用 R^2、RMSE 和 RPD 进行评价，R^2 的大小代表着因变量被完全解释程度，较高的 R^2 通常对应这更低的 RMSE，预测值与真实值的偏差更小，预测模型的效果更好。另外，相对分析误差（RPD）为验证集标准差与验证集均方根误差比值，当 RPD $\geq$ 2.0 时，说明模型用于对土壤重金属的预测是可靠的，当 2 $\geq$ RPD $\geq$ 1.4 时，认为模型的预测能力是较可靠的，但是还有提高的空间，当 RPD $\leq$ 1.4 时，则认为该模型不可靠。

二、结果与分析

1. 土壤重金属含量统计描述特征

土壤中的铜元素描述统计特征如表 8-6 所示，研究区内铜元素的平均含量为 20.6mg/kg，略高于山东省土壤铜元素背景值（19.6mg/kg）；部分区域出现的铜元素含量的极大值超出背景值含量 2.7 倍，此外中位数的值大小与背景值的大小基本相同，说明近一半的样点存在着铜元素的超标；标准差的值为 10.9，已经与均值存在较大偏差，受到了一定程度外部扰动，这也与前面对超标样点数的判断相一致。

表 8-6　土壤铜元素含量统计描述特征　　　　　　　　　　单位：mg/kg

元素	极小值	极大值	均值	中位数	标准差
铜（Cu）	5.9	74.2	20.6	19.2	10.9

2. 重金属高光谱特征选取和分析

不同含量铜元素的土壤光谱曲线如图 8-9 所示，总体上看，光谱曲线上升过程平缓，曲线较为平滑。从曲线变化趋势来看在 600nm 处出现一个反射率变化拐点，其后反射率均匀上升。此外，较低含量铜元素的土壤光谱反射率较高，随着铜元素含量的上升，土壤光谱吸收能力增强，反射率呈现下降趋势。将一阶导数光谱数据与实测铜元素含量值进行相关分析，根据相关系数 r 值的大小顺序选取前 12 个波段作为特征波段，分别是 385nm、667nm、729nm、731nm、791nm、802nm、822nm、834nm、840nm、841nm、870nm 和 873nm。

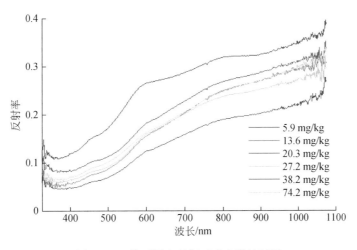

图 8-9　土壤不同含量铜元素光谱特征图

3. 土壤重金属含量预测模型建立

在 52 个样本中，随机选取 36 个样本用于预测模型的构建，其余 16 个样本用于模型验证。预测模型分别以多元逐步回归（MLR）和偏最小二乘法回归（PLS）为基础进行构建。图 8-10（a）是基于 MLR 预测模型（刘焕军等，2012）的铜元素的预测值与实测值的对比图，可以看出，预测值的总体趋势曲线与实测值基本一致，整体误差保持在较低水平，但在样本 6、10 和 12 处所产生的预测值与实测值差距较大，这说明在 MLR 在对特异点的预测上存在欠缺；图 8-10（b）是基于 PLS 预测模型（刘焕军等，2017）的铜元素的预测值与实测值的对比图，其预测值与实测值之间的拟合效果较好，整体走向基本吻合，基本上能实现对极值点的准确预测；所以，从拟合趋势和极值点预测误差上判断，PLS 模型的预测效果要优于 MLR 模型。

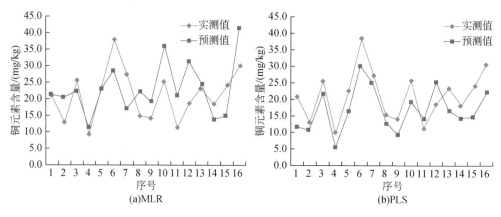

图 8-10 土壤中铜元素含量实测值与预测值对比图

4. 预测模型精度分析

将选取的 12 个特征波段一阶导数值作为自变量，铜元素的含量值作为因变量分别建立 MLR 模型和 PLS 模型，得到模型结果如表 8-7 所示。可以发现，MLR 和 PLS 的 R^2 值分别为 0.538 和 0.858，RMSE 值分别 3.1 和 1.8，较高的 R^2 和较低的 RMSE 意味着基于 PLS 建立的预测模型精度更高；在 MLR 和 PLS 建模公式中，中心波长在 870nm 和 860nm 处的波段所起到的作用最大；PLS 模型的 RPD 值为 1.6，说明模型对铜元素进行预测是可靠的，而 MLR 模型的 RPD 值较小，说明该模型难以对铜元素进行准确的预测。

表 8-7 基于高光谱土壤重金属含量预测模型

元素	模型名称	建模公式	R^2	RMSE	RPD
铜 /Cu	多元逐步回归（MLR）	$Y=-3146.01\times R_{870}-1714.52\times R_{860}+8.518$	0.538	3.1	0.4
	偏最小二乘法（PLS）	$Y=R_{380}\times 0.87-R_{677}\times 95.82-124.73\times R_{729}-109.39\times R_{731}-243.44$ $\times R_{791}-273.05\times R_{802}-263.81\times R_{822}-315.11\times R_{834}-299.49$ $\times R_{840}-300.29\times R_{841}-297.79\times R_{870}-402.28\times R_{876}$	0.858	1.8	1.6

三、讨论与结论

（1）基于统计描述特征对土壤内铜元素含量的分析表明，区域内存在着轻度的铜污染，污染范围较大，覆盖面广；受到的污染主要为人为扰动影响，结合样点大多在农田内布置，可以得出农业生产活动是造成铜元素污染的主因。

（2）一阶导数光谱与土壤中铜元素含量进行相关分析，根据相关系数的大小顺序依次获取12个特征波段，其中中心波长分别为385nm、667nm、729nm、731nm、791nm、802nm、822nm、834nm、840nm、841nm、870nm和873nm。

（3）基于MLR建立预测模型的R^2和RMSE分别为0.538和3.1，PLS建立预测模型的R^2和RMSE分别为0.858和1.8，可以得出PLS模型预测精度高于MLR，基于高光谱特征对土壤重金属含量进行预测是PLS模型最为有效。

本书通过对原始光谱进行一阶导数变换，并与实测铜金属含量进行相关分析提取特征波段，建立MLR和PLS模型对重金属含量进行预测，得到较好的预测结果，可为其他金属元素的反演估算提供理论基础和技术支持，也可作为高空影像的大区域实时监测的部分验证工作。但是，基于高光谱数据建立PLS模型可以实现对土壤中铜元素的预测，但是由于不同区域自然和社会条件不尽相同造成了重金属元素在土壤中的丰度存在差异，是否能将模型移植应用到其他区域和其他重金属有待进一步研究。

第九章　基于 GIS 的莱州湾南岸地质环境质量综合评价

地质环境是指岩石圈上部及其表层风化产物，包括地球表层岩石圈和风化层两部分地质体的组成、结构和各类地质作用与现象。地质环境是具有一定空间概念的客观实体，它应具有物质组成、地质结构和动力作用 3 种基本要素。张人权等（1995）指出：地质环境体系是对某一种特定的人类经济活动所做出的相应的地质环境响应的有机统一的整体。该定义重点强调了地质环境是自然环境与人类经济活动两者相互结合的产物（Yeasmin et al.，2014）。陈梦熊（1998）将地质环境体系与自然环境体系和社会经济体系三者之间的关系视为一个统一的动力系统，并指出这一系统主要是以人类所处的地质环境为核心，研究人类系统与自然环境系统以及经济社会环境系统之间的相互关系。地质环境是自然环境的一部分，为人类和其他生物的生存和发展提供了广阔的空间和丰富的资源，是人类从事各种经济和社会活动的场所；同时，人类和其他生物的活动又不断地改变着地质环境的组成和特征，因此，它又是处在不断变化之中的。地质环境是地质各要素和地质作用在一定关系下互相联系、相互制约的，在自然因素和人类因素双重影响下不断发展中的一个综合体。人类依赖地质环境而生存发展，同时，人类的活动又不断改变着地质环境，影响和制约着地质环境的变化发展。

地质环境质量主要是指各种地质环境影响因子适应人类社会—经济活动发展的程度。它的优劣在很大程度上影响着人类的生存和社会经济的发展，而地质环境质量评价是对地质环境质量优劣的定量描述，主要是选取该地区地质环境影响因子，并赋予其权重，然后选取合适的评价模型来分析、评价该区域的地质环境对工程建设的适宜性（Shi et al.，2014）。

环境质量评价是环境科学的一个重要分支学科，是认识和研究环境的一种科学方法，是对环境质量优劣的定量描述。地质环境质量评价主要是分析和评判地质条件对人类的各种活动是否适宜（Stephane et al.，2011），它是地质环境管理工程的重要手段之一，其主要原理是：搜集研究区域能表征地质环境优劣的指标，并对这些指标进行分级和定权，然后选取评价模型来对该区域地质环境质量进行评价，同时制出地质环境质量评价图，并分析评价结果，研究各类型区的优化利用建议，为地质环境保护提供依据。

第一节　地质环境评价体系构建

一、评价原则

地质环境评价工作一般包括准备、系统分析、设计、综合评价和调控 5 个阶段。前几章已经为地质环境评价工作的开展做好了准备，本章主要包括系统分析和设计阶段，即评价原则、因子和评价方法等问题的确定。评价指标并不是随便取得的，必须在对地质环境状况进行充分分析的基础上，依据以下原则进行选取（Myneni et al.，1999；Ranchin and Wald，2000）。

（1）针对性。评价指标的选择要有针对性，适合相应的地质环境评价，符合现实意义。

（2）简明性。数据获取和整理简明，适合地质环境评价工作的有序开展。

（3）普适性。评价因子的广泛适用性，可以适合多种评价工作。

（4）数据易取得。数据应利用公式可以推导出来或者直接可以用现有的方法手段测得。

（5）指标可量化。指标能够量化，可将数据分级。

二、评价指标的分级与指标量化

正确选择评价指标是客观反映地质环境质量优劣的基础，评价指标体系是由若干个单项指标组成的层次分明的有机整体，目前多数地质环境质量分级采用逻辑信息分类法和特征分析法，将地质环境质量分为三类、四类、五类等，相应于各评价因子的指标量化分级，本书根据莱州湾地质环境现状以及相关标准将地质环境质量划分为四类：优等（Ⅰ）、良好（Ⅱ）、一般（Ⅲ）、较差（Ⅳ）。地质环境质量分级主要考虑了地质环境背景条件、区域环境地质问题和人类工程活动 3 个方面（Rossel et al.，2010；Rainer，2000），具体的评价标志如下。

（1）地质环境质量优等区——地质环境背景条件良好，开发程度较弱，环境地质问题与地质灾害少，人类工程活动微弱。

（2）地质环境质量良好区——地质环境背景条件较好，环境地质问题与地质灾害局部分布且强度较弱，人类工程活动较少，地质环境破坏程度低。

（3）地质环境质量一般区——地质环境背景条件一般，开发程度中等，环境地质问题与地质灾害有不同程度的分布，但发育强度较弱，地质环境破坏程度较高。

（4）地质环境质量较差区——地质环境背景条件差。环境地质问题与地质灾害分布普遍，局部地段地质环境破坏强烈。

地质环境质量评价指标量化是在地质环境质量分级的基础上，通过对莱州湾南岸地质环境的各种影响因素和因子进行数据统计和分析，确定因子最优和最差两个极限值，按照各评价因子对地质环境的影响程度，以递减规律进行取值来实现对指标的量化分级（表 9-1）。

表 9-1　地质环境质量评价指标及分级标准

类指标层	评价指标	评价因素的分级标准			
		大	较大	中	小
地质环境背景条件	地貌单元	堆积平原	剥蚀堆积平原	低山丘陵	中低山区
	场地土类型	坚硬	中硬	中软	软弱
	浅层地下水开采量	＜3	3～5	5～10	＞10
	地下水污染状况	未污染	轻度污染	中度污染	重度污染
	区域地壳稳定性	稳定区	较稳定区	较不稳定区	不稳定区
地质灾害与环境地质问题	地震烈度	＜			
	地面变形灾害	无	轻度	一定程度	严重程度
	斜坡环境变异问题	无	少量发生	一定数量发生	大量发生
	地下水环境变异问题	无	少量发生	一定数量发生	大量发生
	滨岸侵蚀问题	无	轻度	一定程度	严重程度
人类工程活动	人口密度 /（人 /hm^2）	600	700	800	900
	单位面积地区生产总值 /（亿元 /km^2）	3000	3500	4000	4500
	重大工程建设	无	很少	有	很多

评价因子的正确选择是地质环境评价工作的关键。只有选择正确的评价因子才能为后续工作打下坚实的基础，才能提高评价的准确性。不客观、不合理的选择评价因子不仅会造成评价结果出现偏差，甚至可能造成严重错误。在进行地质环境评价中不仅应该考虑地质构造、地震活动、地形地貌类型等基础地质因素，涉及构筑

物的工程地质因素也需考虑，由于本区位于海岸带，与海洋相关的海洋灾害、海岸淤积等方面也需要综合考虑。因此，根据我国海岸带特性，将陆域和海域影响因子综合考虑，构建一套基于开发莱州湾南岸海岸带的地质环境评价因子，包括地壳稳定性、地形地貌类型、水文地质、工程地质、环境质量、地质灾害、人类活动等。

三、评价方法

针对莱州湾南岸海岸带地质问题复杂，评价因子众多，研究区内地壳稳定性、地形地貌类型、水文地质、工程地质、环境质量、地质灾害、人类活动等因素复杂多样，定量评价需要满足定性或半定量的要求，而模糊综合评价模型等满足此要求，因此本书采用这种方法进行地质环境评价。

模糊综合评价模型的数学原理主要是采用隶属函数和模糊变换进行综合评价。基于模糊集将评价集和因子集的不确定得以体现，综合考虑评价因子的层次性，做到定性和定量相结合，从而使评价结果更加客观、公正，提高了准度，符合实际（图 9-1）。

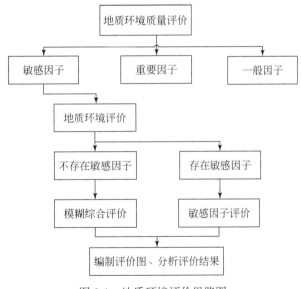

图 9-1　地质环境评价思路图

1）确定评价集和因子集

设评价指标集合为

$$U=\{U_1, U_2, U_3, \cdots, U_m\} \tag{9-1}$$

U_1, U_2, U_3, $\cdots$, U_m 为参与评价的 m 个地质环境因子的性状数据。

评价标准集合为

$$V=\{V_1, V_2, V_3, \cdots, V_n\} \tag{9-2}$$

V_1, V_2, V_3, $\cdots$, V_n 为 U_i 相应的评价标准的集合，本区评价标准分成四级，即 $V=\{$好，较好，较差，差$\}$。

2）评价因子分级标准的确定

评价因子的分级有定量和定性两种，如重金属评价需要根据评价方法采用尼梅罗综合指数法等方法将评价因子进行定性分级；距断裂带的距离则需要按距离长短分成 4 个不同区间进行定量分级，区间的选择则大多根据规范确定。

3）隶属函数的确定

隶属函数的建立是模糊综合评价模型的关键。在地质环境评价实际工作中，梯形分布的隶属函数应用最为广泛，且获得了较好的效果，假定某个地质环境评价因子的实测数据为 x，则这个因子对各个环境质量级别的隶属度可以这样计算：

$$\mu_1(x) = \begin{cases} 1, & x \leqslant e(1) \\ [e(2)-x]/[e(2)-e(1)], & e(1) < x \leqslant e(2) \\ 0, & x \geqslant e(2) \end{cases} \tag{9-3}$$

$$\mu_m(x) = \begin{cases} 1-\mu_{m-1}(x), & e(m-1) < x \leqslant e(m) \\ [e(m+1)-x]/[e(m+1)-e(m)], & e(m) < x < e(m+1) \\ 0, & x \leqslant e(m), x \geqslant e(m+1) \end{cases} \tag{9-4}$$

$$\mu_{m+1}(x) = \begin{cases} 0, & x < e(m) \\ 1-\mu_m(x), & e(m) < x < e(m+1) \\ 1, & x \geqslant e(m+1) \end{cases} \tag{9-5}$$

式中，$\mu_1(x)$，$\mu_2(x)$，$\cdots$，$\mu_{m+1}(x)$ 分别为环境因子 x 对 1 级、2 级、$\cdots$、$m+1$ 级环境质量标准 e 的隶属度。

计算每个评价因子对各个环境质量级别的隶属度，并构造隶属矩阵 $\boldsymbol{R}$。

$$\boldsymbol{R} = \begin{bmatrix} \mu_{11} & \mu_{12} & \mu_{13} & \mu_{14} \\ \mu_{21} & \mu_{22} & \mu_{23} & \mu_{24} \\ \cdots & \cdots & \cdots & \cdots \\ \mu_{n1} & \mu_{n2} & \mu_{n3} & \mu_{n4} \end{bmatrix} \begin{bmatrix} a_1 \\ a_2 \\ a_3 \\ a_4 \end{bmatrix} \tag{9-6}$$

4）矩阵合成

矩阵合成表达式为

$$A \bullet R \xrightarrow{\quad M3(\bullet, \oplus)\quad} B \tag{9-7}$$

其中 A 为 U 中诸多因素 U_i 按其对事物影响的程度，分别赋予不同权重所组成的模糊子集 $A=(a_1, a_2, \cdots, a_i)$；模糊向量 $B=(b_1, b_2, \cdots, b_m)$ 即为最终综合加权的结果。模糊变换算子为

$$b_j = \sum_{i=1}^{m} a_i \times r_{ij} = \min\left\{1, \sum_{i=1}^{m} a_i \times r_{ij}\right\} \tag{9-8}$$

四、评价步骤

1. 应用层次分析法确定各指标权重

1）（$B1$，$B2$，$B3$）的权重（$B1$：地质环境背景条件；$B2$：地质灾害与环境地质问题；$B3$：人类工程活动）

（1）建立判断矩阵（表 9-2）。

表 9-2　A-B 判断矩阵

A	$B1$	$B2$	$B3$	Wi
$B1$	1	1/3	4	0.35
$B2$	3	1	5	0.4
$B3$	1/4	1/5	1	0.25

（2）计算判断矩阵每一行元素的乘积 Mi。$M1$=1.333，$M2$=15，$M3$=0.05。

（3）计算 Mi 的 3 次方根 $\overline{w_i}$。

$$\overline{w_1} = \sqrt[3]{1.333} = 1.1004 \quad \overline{w_2} = \sqrt[3]{0.05} = 2.4662 \quad \overline{w_3} = \sqrt[3]{15} = 0.3684。$$

（4）对方根向量规一化，即对向量 $\overline{w} = (\overline{w_1}, \overline{w_2}, \overline{w_3})$ T 规一化

$$W_1 = 0.2797，\quad W_2 = 0.6267，\quad W_3 = 0.0927$$

（5）计算判断矩阵的最大特征根 $\lambda_{\max}$。

（6）计算 CR。

2）$C1$-$C6$ 相对于 $B1$ 的权重（表 9-3）

表 9-3　$B1$-Ci（1，2，3，$\cdots$，6）判断矩阵

$B1$	$C1$	$C2$	$C3$	$C4$	$C5$	$C6$	Wi
$C1$	1	4	1/3	3	1/5	1/6	0.07735
$C2$	1/4	1	1/6	1/3	1/7	1/9	0.02660

B1	C1	C2	C3	C4	C5	C6	Wi
C3	3	6	1	4	1/3	1/4	0.14587
C4	1/3	3	1/4	1	1/6	1/7	0.04607
C5	5	7	3	6	1	1/3	0.26383
C6	6	9	4	7	3	1	0.44028

注：λ_{max}=6.41544，CI=0.08309，RI=1.24，CR=0.067＜0.1，具有满意的一致性。

3）C7-C11 相对于 B2 的权重（表 9-4）

表 9-4 B2-Ci（7，8，…，11）判断矩阵

B2	C7	C8	C9	C10	C11	Wi
C7	1	1/6	1/7	1/5	1/3	0.03651
C8	6	1	1/4	4	5	0.26167
C9	7	4	1	5	6	0.50956
C10	5	1/4	1/5	1	3	0.12513
C11	3	1/5	1/6	1/3	1	0.006713

注：λ_{max}=5.17055，CI=0.04264，RI=1.12，CR=0.038＜0.1，具有满意的一致性。

4）C12-C14 相对于 B3 的权重（表 9-5）

表 9-5 B3-Ci（12，13，14）判断矩阵

B3	C12	C13	C14	Wi
C12	1	1/6	6	0.68173
C13	1/4	1	4	0.23634
C14	1/6	1/4	1	0.08193

5）层次总排序

即各项指标相对于目标层（A）的权重等于各个指标相对于类指标层的权重乘以类指标层相对于目标层的权重。最后得出综合权重如下表 9-6 所示：

表 9-6 地质环境质量定量评价指标综合权重表

一级指标权重		二级指标权重		综合权重
指标	权重	指标	权重	
		地貌单元（C1）	0.07735	0.02707
		场地土类型（C2）	0.14587	0.05106
地质环境背景条件（B1）	0.35	浅层地下水开采量（C3）	0.04607	0.01612
		地下水污染状况（C4）	0.26383	0.09234
		区域地壳稳定性（C5）	0.46688	0.16341

续表

一级指标权重		二级指标权重		综合权重
指标	权重	指标	权重	
		地震烈度（C6）	0.03651	0.01461
		地面变形灾害（C7）	0.26167	0.10467
地质灾害与环境地质问题（B2）	0.4	斜坡环境变异灾害（C8）	0.50956	0.20382
		地下水环境变异问题（C9）	0.12513	0.05005
		滨岸侵蚀问题（C10）	0.06713	0.02685
		2016 年人口密度（C11）	0.68173	0.17043
人类工程活动（B3）	0.25	2016 年单位面积地区生产总值（C12）	0.23634	0.05909
		重大工程建设（C13）	0.08193	0.02048

2. 模糊综合评判的评价步骤

1）步骤 1　确定评价因素集、地质环境质量等级集、评价单元数集

将环境地质问题分布图网格化，共得到 659 个评价单元，即评价单元数集 $O=\{O1，O2，O3\cdots O659\}$，评价因素集内的元素为评价山东半岛地质环境质量的评价指标，共 13 个指标：地貌单元、场地土类型、浅层地下水开采量、地下水污染状况、区域地壳稳定性、地震烈度、地面变形灾害、斜坡环境变异灾害、地下水环境变异问题、滨岸侵蚀问题、人口密度（人 /km^2）、单位面积地区生产总值（万元 /km^2）、重大工程建设。即：$U=\{u1，u2，\cdots，u13，m=13\}$ 地质环境质量等级集为具体界定该地区地质环境质量属于哪一级，优等（Ⅰ级）、良好（Ⅱ级）、一般（Ⅲ级）、较差（Ⅳ级）。即地质环境质量等级集：$V=\{v1，v2，v3，v4，n=4\}$ 对于山东半岛地质环境质量评价指标的取值问题，本书主要是依据山东半岛环境地质问题分布图以及《山东省统计年鉴》上相关信息进行取值的。

2）步骤 2

确定 13 个评价指标的权重，从而得到该向量的权重分配向量 A 由于各因素对该地区地质环境质量的影响程度不一致，所以需要确定一下各因素在模糊综合评判中所占的比重即权重，根据前述层次分析法（AHP）所得到的权重向量为 $A=\{0.02707, 0.05106, 0.01612, 0.09234, 0.16341, 0.01461, 0.10467, 0.20382, 0.05005, 0.02685，0.17403，0.05909，0.02048\}$。

3）步骤 3　确定评价指标的隶属度

由于地质环境质量评价指标的概念外延是相对模糊的，即各指标之间的界限是模糊的、不确定的，因此对于各评价指标要确定其属于哪一个等级是比较困难的，

只能判别该指标属于各评价等级的不同程度，因此，在本书中运用 0 ～ 1 的数值来反映某一因素对地质环境质量等级的不同影响程度（即隶属度）。随着各指标取值的不同，隶属度也在不断的变化中，即同一指标也可以隶属于不同的等级。隶属度函数就是各评价指标不同取值和隶属度之间关系的函数。本书采用的是半梯形函数，对于定量评价指标其具体计算公式如下。

4）步骤 4

进行运算得到综合评价结果和所属的地质环境质量等级。模糊矩阵复合运算的方法很多，常用的有以下 3 种：

（1）"主因素突出型"，即 M（∧，∧）模型；

（2）"半主因素突出型"，即 M（·，∧）模型；

（3）"加权平均型"，即 M（·，+）模型。

上述 3 种模糊矩阵复合运算方法各有各的特点和优势，本书选用的是第 3 种：加权平均型，即 M（·，+）模型。同时建立起模糊矩阵计算结果和地质环境质量等级对应表（表9-6）。建立起模糊综合评判公式：B=A•R，即应用加权平均模型得到的单元评价结果 B 是由模糊综合评判矩阵 R 和权值分配矩阵 A 相乘得到的，然后根据最大隶属度原则即可以得到某一评价单元的地质环境质量等级。例如第 i 个评价单元，根据模糊综合评判公式得：$Bi=A \cdot Ri=$（$bi1$，$bi2$，$bi3$，$bi4$）然后根据最大隶属度原则从 $bi1$，$bi2$，$bi3$，$bi4$ 4 个数值中选取最大的一个值 bij，从而可以得到该评价单元 i 所属的地质环境质量等级。

第二节　莱州湾南岸地质环境质量评价实例

（1）评价单元划分。本书所进行的地质环境质量评价主要是以资料统计为主，将 1 : 500000 莱州湾环境地质问题分布图进行网格化单元设置，网格大小 1cm×1cm，对所有评价单元进行编号，可以将山东半岛划分为 659 个评价单元。

（2）对每个单元进行赋值。而对各单元进行赋值主要是靠搜集资料、统计数据和现场观测 3 种方式来进行的。其中地貌单元、场地土类型、地震烈度 3 个指标是通过现场观测和搜集资料两种方式得到的；地下水污染状况、区域地壳稳定性、地面变形灾害、斜坡环境变异灾害、地下水环境变异问题、滨岸侵蚀问题、重大工程建设几个指标是在搜集资料的基础上确定Ⅰ、Ⅱ、Ⅲ、Ⅳ 4 个标度来表征的；浅层地下水开采量、人口密度（人 /km²）、单位面积地区生产总值（万元 /km²）3 个指标是通过查阅《山东省统计年鉴》来确定其取值的。

（3）对隶属度函数进行计算，并得到各评价因素的隶属度值，确定相应的模糊综合评判矩阵。

（4）对模糊综合评判矩阵和权重分配矩阵进行乘积计算。

（5）根据上述计算得到评价结果，再由最大隶属度原则来确定评价等级。

下面以编号为 20 的评价单元为例进行具体的计算：

（1）首先根据隶属度函数计算出隶属度值，确定模糊综合评判矩阵 **R**。

$$R = \begin{bmatrix} 1 & 0 & 0 & 0 \\ 0 & 0 & 0 & 1 \\ 0.67 & 0.33 & 0 & 0 \\ 0 & 0 & 1 & 0 \\ 0 & 0 & 0 & 1 \\ 0 & 0 & 1 & 0 \\ 0 & 0 & 0 & 1 \\ 1 & 0 & 0 & 0 \\ 0 & 1 & 0 & 0 \\ 0 & 1 & 0 & 0 \\ 0.67 & 0.33 & 0 & 0 \\ 0.5 & 0.5 & 0 & 0 \\ 1 & 0 & 0 & 0 \end{bmatrix}$$

（2）评价方法的实现。Arc GIS 简介从 1978 年以来，美国环境系统研究所（Esri）相继推出了多个版本系列的 GIS 软件，其中 Arc GIS 是一个全面的、可伸缩的 GIS 平台，为用户构建一个完善的 GIS 系统提供完整的解决方案。它以其强大的分析能力成为主流的 GIS 系统，尤其是在空间分析功能方面胜过 Map GIS 等软件，适用于进行地质环境评价。Arc Map 和 Arc Catalog 是 Arc GIS 中常用的基础模块，Arc Map 主要用于显示、编辑等，Arc Catalog 主要用于管理数据库，建立、删除要素类等。Arc GIS 中主要有 Shapefile、Coverage 和 Geodatabase 3 种数据组织方式。其中，Shapefile 包括点、折线、面、多点、多面体等要素类型，主要用于存储单一数据，类似于 Map GIS 中的点、线、区。Geodatabase 是按照层次型的数据对象来组织地理数据，这些数据对象包括对象类、要素类和要素数据集。

（3）数据库建设。莱州湾南岸地质环境评价是基于 Arc GIS 空间信息系统平台，因此各项功能性评价所需的地质资料都需满足 Arc GIS 平台需要，即所有地质资料要以 Arc GIS 数据格式参与分析和评价，所以应在 Arc GIS 中建立一个比较完备的数据库。Arc GIS 中包括空间数据和属性数据两种类型，其中空间数据包括点、线、面 3 类表达形式，根据数据类别不同选择不同要素类，比如地震点为点要素、断裂为线要素、液化土分布为面要素等。属性数据则是描述空间数据的实际特征的数据，比如地震点的位置、大小，断裂的长度，液化土范围大小等。为了更好地管理数据，在 Arc Map 中引入图层的概念，即各个不同的要素类放在不同的图层中，每个图层有各自的属性数据，比如地震点、断裂、液化土分布等均在各自的图层中，并可对图层命名进行区别、查询等，便于数据的整理。

（4）基于 Arc GIS 的评价方法。图层数据的表达主要有栅格和矢量两种方式，矢量数据主要用于数据的精确显示、查询等，栅格数据主要用于空间分析等，其中在 Arc Map 中进行图层计算时只能对栅格进行计算，矢量数据和栅格数据可以在 Arc Map 中自由转换，因此需要将要素类栅格化。例如，点要素、线要素可经过缓冲区工具栅格化，面要素可经过重分类工具栅格化。应按模糊综合评价的方法进行最后综合评价。首先，选取重要因子的要素类根据模糊综合评价方法按照分级标准的不同生成相应的权重图层。然后，根据评价因子的权重和分级评分不同，通过 Arc Map 中栅格计算器工具，按照模糊综合评价方法的要求计算得出初步结果。最后，在初步结果的基础上，根据敏感因子分级表，直接将评价的相应级别归类，其余根据分级数值要求生成最终结果。

（5）评价结果等级划分。海岸带地质环境评价等级主要体现为对不同功能用地的适宜性及其建设的难易程度，据此可将地质环境状态分为 4 级，见表 9-7。

表 9-7　地质环境评价等级

状态等级		地质环境状态及海岸带开发适宜性说明
I	好（很适宜）	地质环境条件优越，能够很好地满足该功能区的地质环境质量要求、适合该功能区的建设
II	较好（较适宜）	地质环境条件基本满足建设该功能区的地质环境质量要求，简单改善后可建设
III	较差（基本适宜）	地质环境条件较差，不满足建设该功能用地的地质环境质量要求，或工程整治费用偏高，不适宜该功能区的建设
IV	差（不适宜）	地质环境条件差，不满足该功能用地的地质环境质量要求，整治费用过高或无法保障地质安全稳定性，极不适宜该功能区的建设

本章数据引用前几章数据，将图表等类型数据转换成 Arc GIS 类型后进行地质环境评价，见图 9-2。

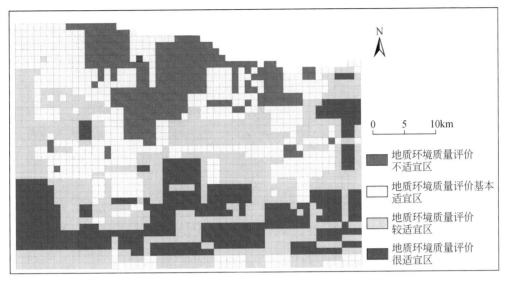

图 9-2　莱州湾地质环境质量适宜性评价

　　莱州湾南岸海岸带在"山东半岛蓝色经济区"总体规划中占有重要的作用。本书在搜集已有的工程地质条件等资料基础上，对研究区特殊土的分布、物理力学性质等进行研究，根据地形地貌类型、岩土体工程类型、土的物理力学性质等特征划分工程地质分区，为进一步地质环境评价做好了准备。根据开发的目的不同将土地分为不同的功能用地进行单个评价，从地形地貌、地壳稳定性、工程地质、水文地质、地质灾害、环境质量、人类活动等 7 个方面选择相应的二级评价因子进行评价。采用层次分析法确定各个评价因子的权重，根据模糊综合数学评价方法构建评价模型。基于 Arc GIS 软件平台将大量的数据导入进行数据整合、计算等，得出主要结论：

　　（1）地质环境质量很适宜区和较适宜区。该区主要包括陆域的南部区域和东部小部分区域，面积约 823km²。区内地壳稳定，地势相对较高，地下水条件好，地震烈度小，地基承载力大，受海水入侵的影响较小，该区域主要是丘陵区和平原区，丘陵区岩体结构均一，整体性较好，是良好的天然地基，很少出现环境工程地质问题，对建筑的腐蚀程度较低，无软土，无砂土液化。一般适宜做工业与民用建筑，也可以用于隧道、峒室、坝基以及其他一些特殊工程场地，还可以进行地下工程的建设，多开发一些地下建筑，如地下商场、地铁、其他地下交通通道等。应在该区域实行产业调整、改变土地的使用方式，进行土地置换，将产业由污染性、粗放型向无污染、集约型方式转变，多发展第三产业，这样既能发展经济又能改善当地的地质环境质量。该区人口密度较大，工业产值高，反映出该区适合人类工程建设和活动，地质环境适宜。

（2）适宜性较差区。该区主要位于沿海地带，面积约 575km²。区内地壳较稳定，地下水条件差，多盐渍土，软土广泛分布。区域内偶尔能发现沙土以及地震断裂带。在城镇建设中注重环境保护，应加大绿化建设力度，这样既能改善当地的地质环境质量，又能促进当地经济的发展。

（3）不适宜区。该区主要位于断层发育区域，陆域面积约 341km²。区内地壳较稳定，断层发育，砂土液化，软土广泛分布，地基承载力差，地下水条件差，地质不稳定，承载力小。

建议如下：

（1）近年来，围海造地对当地生态等影响显著，天然湿地减少、生物多样性下降，海水倒灌现象加剧，渔业资源量减少，这都反映了围海造地对当地生态造成一系列负面影响，因此进行围海造陆用地评价时不仅要进行适宜性评价，还需对当地生态等方面的影响进行生态环境预测，通盘考虑。

（2）莱州湾南岸地下卤水丰富，但由于人们过度开采地下卤水，有些地区现开采量已超过可开采量，导致地下卤水降落漏斗等问题出现。因此，在海水资源用地评价基础上，政府等相关部门应编制卤水开发利用保护规划，可持续开发利用卤水资源。

参考文献

白由路，李保国，胡克林.1999.黄淮海平原土壤盐分及其组成的空间变异特征研究.中国土壤与肥料，
　（3）：22～26.

鲍广扩.2014.莱州湾南岸潍坊地区海水入侵评价及自动监测研究.青岛：山东科技大学硕士学位论文.

曹建荣.2002.山东省莱州湾地区海水入侵成因分析.中山大学研究生学刊（自然科学与医学版），（1）：
　104～111.

曹建荣，徐兴永，于洪军，等.2014.黄河三角洲浅层地下水化学特征与演化.海洋科学，38（12）：
　78～85.

陈广泉.2010.基于GIS的莱州湾地区海水入侵灾害风险评价研究.青岛：中国海洋大学硕士学位论文.

陈广泉，刘文全，于洪军，等.2012.基于GIS的莱州湾南岸土壤盐渍化特征分析研究.海洋科学进展，
　30（4）：501～507.

陈广泉，徐兴永，彭昌盛，等.2010.海水入侵灾害风险评价.自然灾害学报，（2）：103～112.

陈梦熊.1998.沿海地区地质环境特征与地质环境系统——兼论"人地系统".中国地质灾害与防治学
　报，（s1）：84～90.

陈敏.2009.莱州湾南岸咸水入侵影响区土地利用变化及其生态效应研究.济南：山东师范大学硕士学
　位论文.

陈雅如，徐广才，康慕谊，等.2009.生态脆弱性及其研究进展.生态学报，（5）：2578～2588.

成建梅，陈崇希，吉孟瑞.2001.山东烟台夹河中、下游地区海水入侵三维水质数值模拟研究.地学前
　缘，（1）：179～184.

戴彬，吕建树，战金成，等.2015.山东省典型工业城市土壤重金属来源、空间分布及潜在生态风险评价.
　环境科学，（2）：507～515.

邓宝山，瓦哈甫·哈力克，党建华，等.2008.克里雅绿洲地下水埋深与土壤盐分时空分异及耦合分析.
　干旱区地理（汉文版），38（3）：599～607.

丁建丽，杨爱霞.2015.新疆艾比湖湿地土壤有机碳含量的光谱测定方法对比.农业工程学报，31（18）：
　162～168.

丁玲，李碧英，张树深.2004.海岸带海水入侵的研究进展.海洋通报，23（2）：82～87.

范晓梅，刘高焕，唐志鹏，等.2010.黄河三角洲土壤盐渍化影响因素分析.水土保持学报，24（1）：
　139～144.

丰爱平，谷东起，夏东兴.2006a.莱州湾南岸海水入侵发展动态和原因.海岸工程，25（3）：7～13.

丰爱平，谷东起，夏东兴.2006b.海水入侵发展动态和原因.海岸工程，25（3）：7～13.

付博，姜琦刚，任春颖，等.2011a.基于神经网络方法的湿地生态脆弱性评价.东北师大学报（自然
　科学版），43（1）：139～143.

付博，姜琦刚，任春颖.2011b.扎龙湿地生态脆弱性评价与分析.干旱区资源与环境，25（1）：
　49～52.

付美兰 . 1984. 山东莱州湾滨海平原地下卤水基本特征及其开发综合利用 . 水文地质工程地质，（4）：56～58.

付腾飞 . 2015. 滨海典型地区土壤盐渍化时空变异及监测系统研究应用 . 青岛：中国科学院研究生院（海洋研究所）博士学位论文 .

傅伯杰，等 . 2001. 景观生态学原理及应用 . 北京：科学出版社 .

高吉喜 . 2001. 可持续发展理论探索——生态承载力理论、方法与应用 . 北京：中国环境科学出版社 .

高茂生，骆永明 . 2016. 我国重点海岸带地下水资源问题与海水入侵防控 . 中国科学院院刊，31（10）：1197～1203.

高茂生，郑懿珉，刘森，等 . 2015. 莱州湾地下卤水形成的古地理条件分析 . 地质论评，61（2）：393～400.

高美霞，王德水，王松涛，等 . 2009. 莱州湾南岸滨海湿地生物多样性及生态地质环境变化 . 山东国土资源，25（6）：16～20.

管延波 . 2009. 莱州湾南岸滨海卤水资源可持续利用研究 . 山东：山东师范大学硕士学位论文 .

郭占荣，黄奕普 . 2003. 海水入侵问题研究综述 . 水文，23（3）：10～15.

国家林业局《湿地公约》履约办公室 . 2000. 湿地公约履约指南 . 北京：中国林业出版社，16～17.

韩美 . 1996. 莱州湾地区海水入侵与地貌的关系 . 海洋与湖沼，27（4）：414～420.

韩兆迎，朱西存，房贤一，等 . 2016. 基于 SVM 与 RF 的苹果树冠 LAI 高光谱估测 . 光谱学与光谱分析，36（3）：800～805.

胡云壮 . 2014. 莱州湾典型剖面海（咸）水入侵过程中水文地球化学作用研究 . 北京：中国地质大学（北京）硕士学位论文 .

黄方，刘湘南，张养贞 . 2003. GIS 支持下吉林省西部生态脆弱态势评价研究 . 地理科学与进展，23（1）：95～100.

江红南，塔西甫拉提·特依拜，丁建丽，等 . 2008. 新疆渭干河灌区土地盐渍化时空变化影响因子分析 . 干旱区地理（汉文版），31（6）：89～95.

姜太良，严乐漪，张兴山，等 . 1991. 莱州湾西南部自然条件和社会经济状况 . 海洋通报，2：1～6.

蒋卫国，李京，李加洪，等 . 2005. 辽河三角洲湿地生态系统健康评价 . 生态学报，25（3）：155～200.

冷莹莹，李祥虎，刘蕾 . 2009. 潍坊市北部天然卤水矿床特征及成因分析 . 成都理工大学学报（自科版），36（2）：188～194.

李彬，史海滨，闫建文，等 . 2014. 节水改造后盐渍化灌区区域地下水埋深与土壤水盐的关系 . 水土保持学报，28（1）：117～122.

李彬，王志春，迟春明 . 2006. 吉林省大安市苏打碱土含盐量与电导率的关系 . 干旱地区农业研究，24（4）：168～171.

李峰山，秦明清 . 1994. 山东莱州湾南岸地下卤水开采与保护问题 . 盐业与化工，（3）：22～24.

李福林 . 2005. 莱州湾东岸滨海平原海水入侵的动态监测与数值模拟研究 . 青岛：中国海洋大学博士学位论文 .

李明辉，彭少麟，申卫军，等 . 2004. 丘塘景观土壤养分的空间变异 . 生态学报，24（9）：

1839～1845.

李胜男，王根绪，邓伟，等．2008.黄河三角洲典型区域地下水动态分析．地理科学进展，27（5）：49～56.

李晓燕，张树文，王宗明，等．2004.吉林省德惠市土壤特性空间变异特征与格局．地理学报，59（6）：503～511.

李新运，姜文明，张乃兴．1994.岸海水入侵相关分析和趋势预测．中国地质灾害与防治学报，（4）：33～39.

李永健．2002.拉鲁湿地生态环境质量评价的景观生态学方法应用研究．成都：四川大学硕士学位论文．

连胜利．2014.土壤盐分空间分异特征及水盐运移规律现场观测研究．青岛：中国海洋大学硕士学位论文．

刘恩峰．2002.莱州湾南岸滨海平原沉积环境变化与咸水入侵关系研究．济南：山东师范大学硕士学位论文．

刘恩峰，张祖陆，沈吉，等．2004.莱州湾南岸潍河下游地区咸水入侵灾害成因及特征．地球科学与环境学报，26（3）：78～82.

刘付程，史学正，于东升，等．2004.太湖流域典型地区土壤全氮的空间变异特征．地理研究，23（1）：63～70.

刘桂仪．2000.莱州湾南岸海咸水入侵的原因分析及防治对策．中国地质灾害与防治学报，11（2）：1～4.

刘焕军，宁东浩，康苒，等．2017.考虑含水量变化信息的土壤有机质光谱预测模型．光谱学与光谱分析，37（2）：566～570.

刘焕军，吴炳方，赵春江，等．2012.光谱分辨率对黑土有机质预测模型的影响．光谱学与光谱分析，32（3）：739～742.

刘庆生，刘高焕，励惠国．2004.辽河三角洲土壤盐渍化现状及特征分析．土壤学报，41（2）：190～195.

刘琼峰，李明德，段建南，等．2013.农田土壤铅、镉含量影响因素地理加权回归模型分析．农业工程学报，29（3）：225～234.

刘文全，于洪军，徐兴永．2014.莱州湾南岸土壤剖面盐分离子分异规律研究．土壤学报 51（6）：1213～1222.

刘贤赵．2006.莱州湾地区海水入侵发生的环境背景及对农业水土环境的影响．水土保持研究，（6）：18～21.

刘衍君，曹建荣，高岩，等．2012.莱州湾南岸海水入侵区土壤盐渍化驱动力分析与生态对策．中国农学通报，28（2）：209～213.

刘耀彬，宋学锋．2005.城市化与生态环境的耦合度及其预测模型研究．中国矿业大学学报，34（1），91～96.

陆健健，何文珊，童春富，等．2006.湿地生态学．北京：高等教育出版社．

吕建树，张祖陆，刘洋，等．2012.日照市土壤重金属来源解析及环境风险评价．地理学报，67（7）：109～122.

蒙永辉，傅建，王志成，等.2014.潍坊北部海咸水入侵特征及现状评价.山东国土资源，（6）：62～66.

苗青.2013.降雨与潮汐作用对莱州湾地区海水入侵的影响机制研究.青岛：国家海洋局第一海洋研究所硕士学位论文.

覃文忠.2007.地理加权回归基本理论与应用研究.上海：同济大学博士学位论文.

山东省土壤肥料工作站.1994.山东土壤.北京：中国农业出版社.

宋新山，邓伟，何岩，等.2001.土壤盐分空间分异研究方法及展望.土壤通报，32（6）：250～254.

苏乔，于洪军，徐兴永.2011.莱州湾南岸滨海平原地下卤水水化学特征.海洋科学进展，29（2）：163～169.

苏乔，于洪军，徐兴永，等.2009.莱州湾南岸海水入侵现状评价.海岸工程，28（1）：9～14.

孙广友.2000.中国湿地科学的进展与展望.地球科学进展，15（6）：666～672.

王飞，丁建丽，伍漫春.2010.基于NDVI-SI特征空间的土壤盐渍化遥感模型.农业工程学报，26（8）：168～173.

王菲，吴泉源，吕建树，等.2016.山东省典型金矿区土壤重金属空间特征分析与环境风险评估.环境科学，37（8）：3144～3150.

王红，宫鹏，刘高焕.2006.黄河三角洲多尺度土壤盐分的空间分异.地理研究，25（4）：649～658.

王集宁，蒙永辉，张丽霞.2016.近42年黄河口海岸线遥感监测与变迁分析.国土资源遥感，28（3）：188～193.

王珍岩，孟广兰，王少青.2003.渤海莱州湾南岸第四纪地下卤水演化的地球化学模拟.海洋地质与第四纪地质，23（1）：49～53.

吴珊珊，张祖陆，陈敏.2009.莱州湾南岸滨海湿地变化及其原因分析.湿地科学，7（4）：373～378.

吴珊珊，张祖陆，管延波，等.2008.基于RS与GIS的莱州湾南岸滨海湿地景观类型与破碎化分析.资源开发与市场，24（10）：865～867.

吴之正，顾卫，许映军，等.2010.渤海滨海重黏性盐渍土淋溶过程中的盐碱变化.资源科学，32（3）：448～451.

谢承陶，李志杰，章友生，等.1993.有机质与土壤盐分的相关作用及其原理.中国土壤与肥料，（1）：19～22.

张锦文.1997.中国沿海海平面的上升预测模型.海洋通报，（4）：1～9.

张人权，靳孟贵.1995.略论地质环境系统.地球科学：中国地质大学学报，（4）：373～377.

张绪良，张朝晖，徐宗军.2009.莱州湾南岸滨海湿地的景观格局变化及累积环境效应.生态学杂志，28（12）：2437～2443.

张祖陆，聂晓红，刘恩峰，等.2005.莱州湾南岸咸水入侵区晚更新世以来的古环境演变.地理研究，24（1）：105～112.

庄振业，印萍.2000.鲁南沙质海岸的侵蚀量及其影响因素.海洋地质与第四纪地质，（3）：15～21.

Åsmund R，Berg F V D，Engelsen S B. 2009. Review of the most common pre-processing techniques for near-infrared spectra. Trends in Analytical Chemistry，28（10）：1201～1222.

Ben-Dor E，Levin N，Saaroni H. 2001. A spectral based recognition of the urban environment using the visible and near-infrared spectral region（0. 4-1. 1 Âμm）. A case study over Tel-Aviv，Israel. International Journal of Remote Sensing，22（11）：2193～2218.

Bernhard W，Harald V. 2008. Evaluating sustainable forest management strategies with the Analytic Network Process in a Pressure-State-Response framework. Journal of Environmental Management，88（1）：1～10.

Bowers K，Wink L K，Pottenger A. 2015. Phenotypic Differences in Individuals with Autism Spectrum Disorder Born Preterm and at Term Gestation. Autism，19（6）：758～763.

Brown D J，Shepherd K D，Walsh M G，et al. 2006. Global soil characterization with VNIR diffuse reflectances pectroscopy. Geoderma，132（3）：273～290.

Brunsdon C，Fotheringham A S，Charlton M E. Some Notes on Parametric Significance Test for Geographically Weighted Regression. Journal of Regional Science，39（3）：497～524.

Brunsdon C，Mcclatchey J，Unwin，D J. 2001. Spatial variations in the average rainfall-altitude relationship in Great Britain：an approach using geographically weighted regression. International Journal of Climatology，21（4）：455～466.

Cai L M，Xu Z C，Ren M Z. 2012. Source identification of eight hazardous heavy metals in agricultural soils of Huizhou，Guangdong Province，China. Ecotoxicology and Environmental Safety，78：2～8.

Chander G，Markham B L，Helder D L. 2009. Summary of current radiometric calibration coefficients for Landsat MSS，TM，ETM+，and EO-1 ALI sensors. Remote Sensing of Environment，113（5）：893～903.

Franco-Uría A，López-Mateo C，Roca E，et al. 2009. Source identification of heavy metals in pastureland by multivariate analysis in NW Spain. Journal of Hazardous Materials，165（1-3）：1008～1015.

Hanks S. 1971. Reflection of radiant energy from soil. Soil Science，100（2）：130～138.

Kirshnan P，Alexander J D，Butler B J，et al. 1980. Reflectance technique for predicting soil organic matter. Soil Science Society of America Journal，44（6）：1282～1285.

Krieble T，Sigel L. 1989. In touch：Telephone message system for teenagers. American Journal of Public Health，79（1）：100.

Ladoni M，Bahrami H，Alavipanah S，et al. 2010. Estimating soil organic carbon from soil reflectance：a review. Precision Agriculture，11（1）：82～99.

Lv J S，Liu Y，Zhang Z L，et al. 2013. Factorial kriging and stepwise regression approach to identify environmental factors influencing spatial multi-scale variability of heavy metals in soils. Journal of Hazardous Materials，261：387～397.

Myneni R，Ganapol B，Asrar G. 1999. Remote sensing of vegetation canopy photosynthetic and stomatal conductance efficiencies. Remote Sensing of Environment，65～86.

Rainer W. 2000. Development of environmental indicator systems：experiences from Germany. Environmental Management，25（6）：613～623.

Ranchin T，Wald L. 2000. Fusion of high spatial and spectral resolution images：the ARSIS concept and its implementation. Photogrammetric Engineering and Remote Sensing，66（1）：49～61.

Rodríguez Martín J A，Ramos-Miras J J，Boluda R，et al. 2013. Spatial relations of heavy metals in arable and greenhouse soils of a Mediterranean environment region （Spain）. Geoderma，200 ～ 201：180 ～ 188.

Rossel，R，Behrens T，Guerrero C，et al. 2010. Using data mining to model and interpret soil diffuse reflectance spectra. Geoderma，158（1）：46 ～ 54.

Shi T，Chen Y，Liu H，et al. 2014. Soil organic carbon content estimation with laboratory-based visible-near-infrared reflectance spectroscopy：feature selection. Applied Spectroscopy，68（8）：831 ～ 837.

Stephane H，Nicola R，Olivier M. 2011. Assessing climate change impacts，sea level rise and storm surge risk in port cities：a case study on Copenhagen. Climatic Change，104（1）：113 ～ 137.

Yeasmin S，Singh B，Kookana R S，et al. 2014. Influence of mineral characteristics on the retention of low molecular weight organic compounds：A batch sorption-desorption and ATR-FTIR study. Journal of Colloid and Interface Science，432（20）：246 ～ 257.

附 表

盐渍化程度与影响因素变量

编号	高程 /m	降水量 /(mL/a)	地下水矿化度 /(mg/L)	地下水埋深 /m	有机质 /[ω(B)/10^{-2}]	全盐量 /(mg/kg)	气温 /℃	高差 /m	粒度 /mm	NDVI	pH	干容重 /(g/cm³)	含水率 /%
D01	22	621.85	1666.43	11.11	0.81	996.6826	12.7425	18	13.85	123	6.98	1.56	15.87
D02	8	619.53	1666.43	9.18	0.59	927.3148	12.7428	17	13.85	123	7.08	1.60	16.66
D03	22	618.59	12772.19	10.00	0.85	1434.574	12.7432	20	11.56	123	7.26	1.44	12.13
D04	24	617.21	22388.81	13.39	1.01	1215.5	12.7435	18	20.20	123	7.05	1.42	14.97
D05	8	615.85	30145.11	18.79	0.13	1364.7	12.7438	9	17.52	123	7.26	1.47	9.86
D06	18	614.36	40707.11	25.58	0.37	854.2562	12.7442	16	9.53	123	7.53	1.44	5.18
D07	9	613.54	51202.38	30.09	0.35	782.377	12.7442	10	7.75	123	7.53	1.42	3.33
D08	11	612.13	76436.72	34.43	0.09	8352.009	12.7445	17	4.27	45	7.52	1.45	10.27
D09	16	630.69	1567.43	11.15	0.55	1014.133	12.7450	17	9.49	123	7.40	1.69	14.13
D10	10	628.01	3461.41	13.46	0.46	1047.433	12.7406	15	16.69	123	7.31	1.73	13.81
D11	11	622.35	3461.41	17.07	0.96	990.7954	12.7408	12	14.51	52	7.10	1.59	17.87
D12	9	618.85	4080.97	17.48	0.90	1264.324	12.7411	8	12.00	123	7.37	1.46	16.21
D13	9	618.38	11707.22	17.20	1.20	989.1897	12.7413	13	12.32	123	7.09	1.31	8.89
D14	13	615.33	12338.15	14.07	0.37	963.4058	12.7414	6	9.75	52	7.29	1.48	10.54
D15	8	613.50	30577.17	13.31	1.51	1253.315	12.7417	8	21.49	123	7.24	1.36	12.32

续表

编号	高程 /m	降水量 / (mL/a)	地下水矿化度 / (mg/L)	地下水埋深 /m	有机质 / [ω(B)/10⁻²]	全盐量 / (mg/kg)	气温 /℃	高差 /m	粒度 /mm	NDVI	pH	干容重 / (g/cm³)	含水率 /%
D16	13	611.88	30577.17	10.73	0.26	12732.34	12.7420	5	11.90	53	7.56	1.57	11.34
D17	16	655.69	1558.82	21.50	1.03	1026.95	12.7419	9	12.46	123	7.29	1.56	17.78
D18	12	648.25	1637.91	24.01	0.67	1444.176	12.7459	14	16.96	123	7.06	1.55	16.48
D19	19	644.73	1637.91	25.93	0.79	972.7978	12.7458	21	19.61	123	7.20	1.56	21.94
D20	22	640.43	12133.16	29.47	1.14	1028.164	12.7460	22	20.14	52	7.14	1.50	22.45
D21	9	636.17	27707.73	33.02	0.81	1123.675	12.7464	9	29.25	123	7.33	1.49	23.49
D22	20	634.62	27707.73	32.58	0.88	1750.245	12.7464	16	13.31	123	7.37	1.51	15.35
D23	12	630.81	51396.34	37.09	0.27	1555.624	12.7469	11	11.26	123	7.32	1.47	12.20
D24	16	629.78	51454.39	39.77	0.90	1680.352	12.7472	12	33.29	123	7.36	1.33	10.96
D25	16	623.68	1379.39	10.54	0.50	1097.142	12.7477	10	7.64	123	7.48	1.67	14.75
D26	13	620.42	1379.39	11.83	0.63	1027.862	12.7413	8	11.59	52	7.46	1.71	17.91
D27	11	617.92	3369.07	13.55	0.50	936.3559	12.7416	8	24.60	123	7.66	1.70	16.47
D28	8	616.69	11125.37	14.81	1.01	1410.76	12.7418	12	53.63	123	7.61	1.56	23.36
D29	14	614.63	20803.84	17.11	1.27	1087.624	12.7420	13	16.25	123	7.13	1.30	9.22
D30	9	612.92	27244.10	17.88	0.47	1593.445	12.7422	8	2.98	123	7.35	1.29	5.37
D31	7	611.48	27244.10	16.46	0.20	20824.89	12.7425	6	22.27	53	7.59	1.51	28.94
D32	7	611.14	27244.10	16.53	0.26	9207.042	12.7426	11	31.54	123	7.80	1.55	13.90
D33	26	636.61	1822.47	18.88	0.55	1107.46	12.7427	13	16.92	52	7.69	1.67	16.35
D34	8	631.73	7089.19	21.54	0.79	1715.757	12.7442	24	28.23	123	7.73	1.55	19.29

续表

编号	高程/m	降水量/(mL/a)	地下水矿化度/(mg/L)	地下水埋深/m	有机质/[ω(B)/10^{-2}]	全盐量/(mg/kg)	气温/℃	高差/m	粒度/mm	NDVI	pH	干容重/(g/cm³)	含水率/%
D35	28	630.08	7081.01	22.56	1.42	1183.153	12.7446	35	22.68	123	7.63	1.48	21.75
D36	14	627.93	7081.01	22.56	1.12	1700.439	12.7448	20	48.70	123	7.67	1.52	22.36
D37	15	625.63	17611.38	25.92	0.92	1801.765	12.7451	12	60.78	123	7.70	1.37	31.63
D38	11	625.52	38486.70	33.86	0.60	1111.598	12.7456	14	29.49	123	7.75	1.36	7.53
D39	8	620.39	66841.60	37.11	0.42	1011.305	12.7460	18	11.72	53	7.55	1.50	9.75
D40	8	620.39	66841.60	37.11	0.30	900.3822	12.7457	18	8.80	53	7.59	1.44	6.08
D41	10	609.47	36280.14	12.41	0.18	759.1046	12.7457	6	5.83	31	7.66	1.48	7.05
D42	22	663.49	1537.17	20.92	0.43	837.7274	12.7425	16	8.25	123	7.63	1.47	10.80
D43	23	658.07	1641.53	19.36	0.43	797.3595	12.7471	16	13.15	52	7.57	1.71	15.25
D44	20	654.67	12086.57	21.06	0.66	855.9366	12.7471	11	26.95	52	7.53	1.57	19.75
D45	20	650.94	12086.57	22.07	0.40	791.0828	12.7473	8	12.52	123	7.62	1.50	15.71
D46	19	648.34	22407.45	23.58	0.75	910.5804	12.7476	24	21.26	123	7.46	1.56	18.61
D47	17	645.86	22407.45	24.90	0.71	994.2566	12.7479	19	10.72	123	7.63	1.50	15.42
D48	21	643.26	43279.41	27.58	0.90	941.311	12.7482	14	20.36	123	7.42	1.54	17.31
D49	14	640.98	50646.72	31.38	1.09	1008.981	12.7484	15	44.72	52	7.41	1.54	20.19
D50	8	638.99	50646.72	33.74	0.66	1016.988	12.7487	15	50.82	53	7.46	1.50	18.76
D51	14	611.46	36219.41	11.71	0.74	1304.084	12.7491	15	35.66	123	7.65	1.38	13.86
D52	12	625.54	57125.58	42.84	0.15	2164.438	12.7421	23	10.55	53	7.53	1.54	4.91
D53	9	625.16	57246.92	39.57	1.27	1335.297	12.7470	17	30.58	53	7.56	1.33	12.97
D54	20	620.36	1666.43	10.10	1.00	1008.637	12.7466	17	13.16	123	7.38	1.43	15.69

续表

编号	高程/m	降水量/(mL/a)	地下水矿化度/(mg/L)	地下水埋深/m	有机质/[ω(B)/10⁻²]	全盐量/(mg/kg)	气温/°C	高差/m	粒度/mm	NDVI	pH	干容重/(g/cm³)	含水率/%
D55	12	618.81	7003.75	9.36	0.60	974.7645	12.7429	25	13.55	123	7.56	1.45	8.88
D56	9	617.59	12772.19	11.05	1.03	2046.821	12.7434	28	8.83	123	7.30	1.45	8.84
D57	9	616.69	22388.81	15.97	0.83	1282.413	12.7437	13	17.05	123	6.83	1.35	9.80
D58	9	614.94	40707.11	24.34	0.18	2598.343	12.7440	11	5.24	53	7.60	1.49	8.47
D59	8	625.98	51511.54	36.41	0.39	1779.228	12.7443	12	16.07	43	7.77	1.42	11.24
D60	9	626.03	38486.70	31.50	0.40	1884.374	12.7463	12	13.92	123	7.64	1.46	11.78
D61	19	626.90	17611.38	25.02	1.02	1706.54	12.7457	18	58.63	52	7.76	1.43	24.64
D62	19	628.72	7081.01	22.42	1.36	1649.411	12.7454	18	76.50	123	7.48	1.37	25.68
D63	17	631.14	7089.19	21.96	0.83	1188.396	12.7450	19	24.74	123	7.36	1.49	20.23
D64	17	633.72	7100.97	20.63	0.35	935.3029	12.7446	13	10.92	123	7.46	1.74	17.56
D65	8	621.15	1531.04	9.65	0.40	1992.879	12.7442	10	9.66	123	7.46	1.63	13.27
D66	12	619.76	1531.04	9.48	0.22	1043.701	12.7417	22	30.44	123	7.73	1.59	12.98
D67	9	619.05	1531.04	9.83	0.59	847.1474	12.7418	8	7.81	123	7.46	1.60	12.48
D68	14	617.98	1531.04	10.42	0.40	1258.485	12.7419	9	15.93	123	7.56	1.58	16.01
D69	10	616.61	1630.91	9.82	0.82	1150.34	12.7421	19	21.74	123	7.52	1.36	13.40
D70	21	615.36	18902.72	12.93	0.83	2542.141	12.7422	15	11.82	32	7.57	1.62	15.94
D71	8	615.04	24581.94	14.66	0.22	955.4156	12.7425	14	10.33	32	7.63	1.46	10.79
D72	9	613.61	26606.75	16.40	0.88	1206.569	12.7426	8	14.01	113	7.40	1.45	10.31
D73	7	613.54	29978.64	17.68	0.79	1047.605	12.7430	13	5.99	113	7.47	1.63	18.20

续表

编号	高程/m	降水量/(mL/a)	地下水矿化度/(mg/L)	地下水埋深/m	有机质/[ω(B)/10⁻²]	全盐量/(mg/kg)	气温/℃	高差/m	粒度/mm	NDVI	pH	干容重/(g/cm³)	含水率/%
D74	11	613.33	32028.67	17.52	0.46	977.1407	12.7433	10	12.54	113	7.92	1.52	8.18
D75	10	612.92	32028.67	19.54	0.28	849.2411	12.7434	10	9.38	123	7.75	1.49	7.71
D76	7	612.92	32028.67	20.14	0.18	789.5741	12.7435	6	3.13	53	7.61	1.55	5.52
D77	6	613.24	30650.39	10.77	1.07	1134.427	12.7436	10	14.50	123	7.33	1.53	8.38
D78	9	616.48	12240.79	15.92	0.93	1373.916	12.7417	9	17.03	123	7.59	1.53	7.03
D79	12	621.02	3977.37	17.52	3.82	6726.898	12.7415	11	11.39	123	7.38	0.99	29.94
D80	18	628.39	3461.41	12.64	0.66	968.8478	12.7411	17	15.59	123	7.19	1.60	15.59
D81	13	627.60	1666.43	13.98	1.23	1746.131	12.7408	26	27.16	123	7.14	1.53	19.64
D82	9	626.37	7003.75	13.67	1.09	2703.077	12.7436	18	22.60	123	7.30	1.56	21.67
D83	22	625.35	7003.75	13.28	1.18	1067.903	12.7437	23	24.19	123	7.63	1.53	20.21
D84	12	624.47	7003.75	13.11	1.41	1461.6	12.7438	14	27.95	123	7.44	1.54	20.68
D85	12	623.72	7054.35	13.79	0.58	1369.094	12.7440	19	66.45	123	7.88	1.49	21.79
D86	10	622.15	7054.35	12.76	0.74	1301.704	12.7442	17	21.03	123	7.66	1.49	20.82
D87	14	621.60	12772.78	13.67	1.18	1987.562	12.7442	16	56.22	123	7.37	1.45	26.32
D88	7	622.28	23269.25	21.95	1.44	2108.217	12.7444	11	72.88	123	7.61	1.39	22.91
D89	11	621.61	33875.33	28.35	0.40	2082.727	12.7449	16	17.19	123	7.71	1.47	11.04
D90	11	621.22	43406.66	32.35	0.19	1928.577	12.7452	19	10.72	123	7.59	1.58	11.11
D91	5	619.79	53727.54	36.93	0.68	984.0412	12.7454	10	12.55	123	7.65	1.41	7.45
D92	15	630.36	51454.39	38.79	1.03	1822.823	12.7456	9	15.78	53	7.62	1.48	17.34
D93	10	632.91	40834.34	33.61	1.01	1118.133	12.7474	17	20.07	123	7.74	1.48	18.95

续表

编号	高程 /m	降水量 / (mL/a)	地下水矿化度 / (mg/L)	地下水埋深 /m	有机质 / [ω(B)/10⁻²]	全盐量 / (mg/kg)	气温 /℃	高差 /m	粒度 /mm	NDVI	pH	干容重 / (g/cm³)	含水率 /%
D94	28	635.36	27707.73	32.96	1.06	1444.215	12.7469	17	45.51	52	7.52	1.38	14.91
D95	18	654.08	1641.53	20.44	0.97	1022.824	12.7467	14	21.68	123	7.50	1.70	17.96
D96	20	651.52	12086.57	22.58	0.69	1082.832	12.7472	17	13.65	52	7.44	1.52	16.78
D97	20	649.32	22407.45	22.89	0.90	1007.672	12.7474	13	18.60	52	7.39	1.52	17.75
D98	17	646.71	22407.45	24.58	0.71	1208.28	12.7479	20	13.19	52	7.44	1.52	15.99
D99	14	642.82	35565.40	26.25	0.63	1117.717	12.7481	20	16.51	123	7.87	1.51	16.56
D100	18	641.83	43279.41	28.80	0.77	1220.892	12.7483	17	29.76	123	7.80	1.57	16.17
D101	11	639.66	50646.72	32.16	1.13	1011.819	12.7485	22	62.44	123	7.78	1.40	27.24
D102	13	640.34	1637.91	27.81	0.75	1337.923	12.7489	17	39.36	123	7.65	1.50	19.13
D103	12	645.44	1637.91	25.11	0.67	1991.344	12.7462	20	42.79	123	7.66	1.62	20.57
D104	16	650.37	1637.91	23.42	0.71	980.5861	12.7458	10	20.70	123	7.80	1.69	16.99
D105	11	622.78	1379.39	10.90	0.57	872.0356	12.7458	10	11.40	123	7.67	1.57	14.32
D106	13	619.10	3369.07	12.88	0.85	1281.284	12.7414	10	16.19	123	7.97	1.63	16.16
D107	8	617.21	11125.37	14.50	0.61	1630.495	12.7416	7	17.21	123	7.78	1.61	16.50
D108	7	615.53	20803.84	17.17	1.01	1204.169	12.7420	8	29.99	123	7.71	1.48	14.98
D109	8	612.33	27244.10	17.69	0.88	995.9624	12.7420	6	16.12	123	7.70	1.34	9.38
D110	7	609.54	36280.14	11.35	0.24	1146.594	12.7426	7	5.49	53	8.03	1.44	3.01
D111	12	609.47	36280.14	12.16	0.19	809.8727	12.7423	9	6.26	31	7.76	1.48	2.77